KB068843

셉테드 CPTED 개념을 적용한

안전한 어린이공원

김수봉

박영사

감사의 글

이 책은 셉테드(CPTED)개념을 적용한 안전한 어린에 공원에 관한 책입니다. 주로 학부나 대학원에서 조경, 도시, 건축 그리고 디자인을 공부하는 학생을 위하여 집필하였습니다. 안전한 도시나 공원에 관심이 있는 타 전공학생이나 일반인들이 읽어도 좋은 책입니다.

저자는 이 책이 나오기까지 도움을 준 많은 분들께 지면을 빌어 감사드립니다.

제일 먼저 작년 가을 나와 함께 공원녹지디자인스튜디오를 진행했던 강다운, 고혜경, 김미진, 김민성, 김민지, 김상동, 김지나, 김지은, 박민주, 박지은, 박하경, 서다예, 양윤경, 원민희, 윤송이, 이윤구, 이정규, 장지연, 정은아, 정해린, 조희준, 최정수, 하지현, 한샛별 그리고 홍유진 등 dola의 제자들에게 고맙다는 말을 전합니다. 그들이 스튜디오시간에 보여주었던 열정적인 태도와 창의적 사고가 이 책 속에 고스란히 녹아있습니다.

다음으로 흔쾌히 이 책의 출판을 맡아준 박세기 팀장을 비롯한 박영사 관계자 분들, 그리고 그 분들과 인연을 맺게 해 준 계명대 구내서점 임재식 사장에게 감사의 인사를 전합니다. 좋은 책 만들어 주셔서 고맙습니다. 이 책은 이 땅의 어린이들이 어린이공원에서 안전하고 편안한 놀이하는 데 일조할 것입니다.

그리고 대건고등학교 일파 이시원 선생님은 친절하게도 나의 졸고를 다 읽어주셨습니다. 그의 우정에 감사드립니다.

마지막으로, 그러나 그 고마움은 결코 마지막이 아닌, 계명대학교 조경계획연구실(Lab for Environment And Planning) 제자 석사과정 이동권, 학부연구생 원민희, 홍유진, 서수민, 김주혜 그리고 최민기 군에게 진심으로 감사드립니다. 그들의 헌신적인 도움이 없었다면 이 책의 출판은 미루어졌을 것입니다.

2014년 6월
德來館 305호에서
저자 김수봉

차례

차례

서론: 안전한 어린이공원

우리나라는 1980년대 이후 택지개발촉진법으로 인한 대량의 택지개발계획으로 주택단지의 보급이 활발히 진행되었고, 이로 인하여 도시 내 공원의 숫자가 증가하는 등 공원분야에서도 많은 양의 발전을 이루었다.[1] 공원은 도시에 거주하는 도시민들의 삶에 활력소가 되어주는 중요한 요소이다. 특히 어린이공원은 주민들이 가장 쉽게 접근할 수 있으며 어린이들의 놀이 공간뿐만 아니라 주민들의 휴식이 행해지는 여가의 공간으로도 활용되어 도시 생활권 내에서 아주 중요한 요소로 작용하고 있다.

하지만, 급격한 도시개발은 다양한 사회문제를 야기하기도 하는데, 그 중 하나가 범죄발생의 증가이다. 특히, 주민들을 위한 공간인 공원은 그 특성상 불특정 다수의 유입이 가능하기 때문에 청소년범죄, 강력범죄, 절도범죄, 성범죄 등 다양한 유형의 범죄발생 장소로 이용될 우려가 있다. 경찰청에 따르면 공원에서의 범죄발생 건수가 2001년의 2,476건부터 2010년의 5,420건까지 약 2배 증가한 것으로 나타나 공원에서의 범죄가 증가하는 추세이며 이는 지역마다 공통적으로 나타나고 있다(그림 1-1). 한국형사정책연구원의 2011년 보고서에 따르면 지난 10년 간 시도별 모든 지역의 공원의 범죄발생 빈도가 증가하였고, 그 중에서 서울이 13,171건으로 가장 많았다(10년 간 누적). 서울을 제외하고 경기, 인천, 대구, 경남 순으로 공원범죄 발생 빈도가 높았고, 충남, 울산, 제주는 전국에서 공원범죄발생 빈도가 가장 낮은 지역으로 나타났다. 2010년에 발생한 총 5,420건의 범죄를 365일로 나누어 계산하면 하루에 평균 15건의 공원범죄가 발생하고 있다고 할 수 있다. 주요 범죄로는 폭력이 가장 많은 범죄의 비중을 차지하고 있고, 그 다음이 절도, 강간이다. 강간은 2001년에 45건이었던 것에 비해 2010년에는 218건으로 10년 만에 4.8배 가량 증가했다. 5대 범죄 중 가장 높은 증가율을 보이고 있다. 살인은 상대적으로 가장 빈도가 낮은 범죄이지만 가장 위험한 범죄로, 2001년 3건에서 2010년에는 14건으로 4.6배 가량 증가다. 강간 다음으로 가장 높은 증가율을 보이고 있는 공원범죄가 살인이다. 한편 도시공원의 수 역시 범죄의 발생 건수와 마찬가지로 점차 늘어나는 양상을 띠고 있다. 2002년에는 10,849개에서 2012년에는 19,600개로 1.8배 정도 늘어났다. 즉, 도시공원의 수와 도시공원 범죄의 발생 건수는 비례한다. 공원범죄의 증가라는 하나의 사회현상을 도시공원의 수의 증가만으로 설명하기에는 부족하지만, 도시공원의 수가 늘어남으로써 범죄를 저지를 수 있는 기회가 많아진 것은 분명하고, 또한 지방 행정의 공원범죄에 대한 대책이

---

1   박원규(2010), 어린이공원의 실태분석 및 개선방안에 관한 연구: 칠곡군 어린이공원 중심으로. 영남대학교 환경보건대학원 석사학위논문.

시급한 것도 사실이다.[2]

이와 같은 공원 내의 범죄 문제는 공원을 이용하는 지역주민들에게 범죄에 대한 심리적 불안감을 야기할 뿐만 아니라 공원의 안전한 이용을 위협한다. 특히, 어린이공원은 주 이용대상자가 사회적 약자인 어린이라는 점과 지역주민들이 가장 가까이에서 이용할 수 있는 공원이라는 점에서 더욱 문제가 될 수 있다.

이러한 범죄를 예방하는 다양한 방법 중 '환경설계를 통한 범죄예방(Crime Prevention Through Environmental Design: CPTED)'은 건축 설계나 도시계획 수립단계에서부터 범죄를 예방하고자 하는 시도이다. 영국에서는 방범환경설계제도(Secured by Design: SBD)를 통해 건물의 신축이나 재건축, 리모델링 계획 수립시 환경설계와 범죄예방 구조를 점검하고 있으며, 국가 차원에서 범죄예방환경설계 지침서를 제공하고 있다. 미국 아리조나주(州) 템페시(市)에서는 1997년 셉테드(CPTED)조례를 신설하여 건축, 도시개발 및 환경 분야에 적용하고 있으

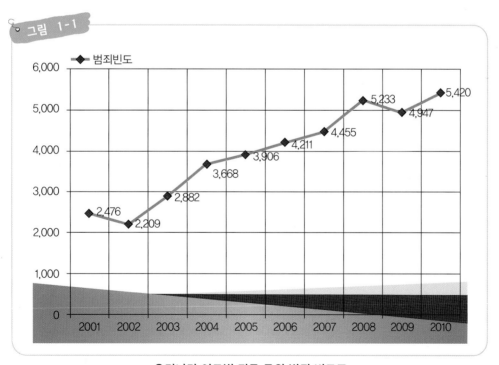

우리나라 연도별 전국 공원 범죄 빈도표

---

2 박기량, 신의기, 강용길, 강석진, 박현호(2011), 범죄예방을 위한 환경설계의 제도화 방안(IV): 공원 및 문화재 관련시설 범죄예방을 중심으로—공원안전 강화를 위한 CPTED 적용. 한국형사정책연구원 보고서.

며, 버지니아주(州) 브리스톨시(市)에서는 CPTED 가이드라인을 만들어 단독주택, 공공건물, 공원 등에 대한 범죄와 범죄의 공포감을 줄일 수 있는 설계지침을 제시하고 있다.[3]

이에 발맞추어 우리나라에서도 CPTED제도화에 대한 연구가 진행되었다. 경찰청[4]은 2007년 범죄예방을 위한 설계지침을 발표하고, 서울시[5]는 뉴타운사업 범죄예방 환경설계 지침을 발표하는 등 범죄예방설계에 관한 표준화작업을 진행하였다. 하지만, 이러한 지침들은 대부분 단독주택이나 공동주택 등 주거지역에 대한 설계에 초점을 맞추고 있다. 이에 2012년 8월 국토교통부는 도시공원이 각종 범죄의 장소로 이용되고 있어 대책을 마련하고자 공원에서의 CPTED기법을 도입하기 위한 「도시공원·녹지의 유형별 세부기준 등에 관한 지침」 일부 개정안을 발표하였으나, 본 지침이 실제 공원사례에 적용되지는 못하였다.

이상의 가로등 설치나 CCTV설치 같은 하드웨어 중심의 1세대 셉테드는 주민의 참여를 통한 주민쉼터나 안전지도 제작과 같은 소프트웨어적 접근의 셉테드 2세대로 발전하였다. 1,2세대 셉테드의 한계를 극복하기 위하여 경찰과 지자체 그리고 주민이 함께 협의체를 만들어 스스로 지역의 안전문제를 해결하는 3세대 셉테드로 진화하였다.

---

3 경찰청(2005) 환경설계를 통한 범죄예방(CPTED) 방안.
4 범죄예방을 위한 설계지침, http://www.police.go.kr (2012년 10월 25일 검색).
5 서울시 재정비촉진사업 범죄예방 환경설계 지침, http://citybuild.seoul.go.kr (2012년 11월 20일 검색).

CHAPTER

2

셉테드(CPTED) 이론

셉테드(CPTED)란 'Crime Prevention Through Environmental Design'의 약어로 우리말로는 일반적으로 '환경설계를 통한 범죄예방'이라고 표현한다.[1] 도시의 물리적인 환경이 범죄에 대비할 수 있게 적절한 건축설계나 도시계획 등을 통하여 방어적인 공간을 형성함으로써, 범죄가 발생할 수 있는 기회를 줄이고 도시민들의 범죄에 대한 불안감을 감소시켜 안전감을 유지하도록 하여 궁극적인 삶의 질을 향상시키는 종합적인 범죄예방을 뜻한다.[2] 즉 CPTED란 범죄를 저지를 수 없는 물리적 환경을 조성하여 범행을 더 어렵게 만들어 거주자가 안전하게 생활할 수 있는 환경을 만들어주는 것을 의미한다. 예를 들면 조명의 증가, 시건장치의 개선, 감시장비의 이용, 기타 물리적 환경의 변화는 시민의 관심과 참여를 가져와 궁극적으로 범죄를 예방하고 범죄에 대한 두려움을 감소시키게 된다.[3]

현대 범죄예방 환경설계 이론의 시초는 제인 제이콥스(Jane Jacobs)에서 유래한다. 제이콥스는 1961년 저서 《The Death and Life of Great American Cities》(미국 대도시의 삶과 죽음)에서 도시 재개발에 따른 범죄문제에 대한 해법을 도시설계 방법을 통해 제시하였다. 이후 1971년 레이 제프리(C. Ray. Jeffery)의 《Crime Prevention Through Environmental Design》(환경 설계를 통한 범죄 예방)과 1972년 오스카 뉴먼(Oscar Newman)의 《Defensible Space》(방어 공간) 등의 책에서 환경설계와 범죄와의 상관관계 연구가 발표되었다. 셉테드(CPTED)라는 용어는 제프리의 이 책 제목을 딴 것이다. 그리고 1970년대 미국에서 범죄예방 환경설계를 주거지역뿐 아니라 공공시설, 학교 등에 적용하기 시작하면서 관련 연구가 본격적으로 발전하였다(강성복, 2010).

세계 여러 나라에서는 이러한 범죄예방 환경설계를 정책에 반영하고 있다. 이는 도시설계 계획에서부터 개별 건축자재 품질관리까지 다양한 방법으로 시행된다. 영국에서는 방범환경설계제도(Secured By Design: SBD)를 제정하여 1992년부터 표준 규격화된 실험 기준과 경찰의 심사를 통과한 건축 자재나 건축물에 인증을 부여하고 있다. 네덜란드에서는 경찰안전주택 인증(Police Label Sucure Housing) 제도를 1994년에 도입, 1996년부터 전국에 확대 실시하여 표준에 부합되는 건축 재료나 구조에 인증을 부여한다. 이런 정책의 실시 결

---

1   International CPTED Association(국제 셉테드 학회)에 따르면 "Crime Prevention Through Environmental Design (CPTED) is defined as a multi-disciplinary approach to deterring criminal behavior through environmental design.···(중략)···It is pronounced sep-ted and is known by various labels or names around the world such as Designing Out Crime and other acronyms."(위키백과)

2   정일훈, 양진석(2010), 환경설계(CPTED)를 활용한 도시범죄예방에 관한 연구. 한국생활환경학회지 17(4): 434-446.

3   허지은(2010), CPTED 설계를 통한 환경디자인 개선에 관한 연구. 국민대학교 디자인대학원 석사학위논문.

과로 영국의 SBD제도를 도입한 주택단지는 미도입 주택단지에 비해 절도, 차량범죄, 손괴행위 등의 범죄행위가 덜 발생하였으며 네덜란드에서는 연간 주거침입 절도가 1997년 12만 건에서 2000년 8만 6천 건으로 줄었다고 한다.[4] 보도에 따르면[5] 1996년 미국 플로리다주(州)에서는 재산범죄가 아주 빈번했다. 인구 10만 명당 6,441건의 강도, 주거침입 절도, 방화, 차량절도 등이 발생했다. 하지만 2005년 재산범죄 피해 규모는 인구 10만 명당 3,974건으로 뚝 떨어졌다. 9년 만에 무려 39%나 감소한 것이다. 어떻게 이 같은 일이 가능했을까? 많은 범죄 전문가들은 CPTED에서 그 비결을 찾는다.

플로리다 주당국은 1996년부터 범인들이 범행을 위해 즐겨 찾던 부자동네인 마이애미 북부 주거지역으로 연결되는 78개의 도로를 막는 '접근통제' 셉테드를 도입했다. 또한 게인즈빌시(市)에서 편의점 강도 및 살인이 폭증하자 편의점 유리창을 가리는 게시물 부착을 금지시켰다. 계산대도 외부에서 잘 보이는 위치에 설치하도록 하고 주차장엔 감시카메라(CCTV)와 밝은 조명을 설치하도록 했다.

셉테드가 범죄를 퇴치한 사례는 영국에서도 찾아볼 수 있다. 2004년 영국의 범죄율은 1995년에 비해 40% 이상 감소했다. 이는 같은 기간 범죄율이 30%나 증가한 우리나라와는 정반대의 추세다. 영국은 전국에 걸쳐 CCTV를 통한 감시강화, 창문이나 현관문 등 범죄목표물의 보안강화 같은 셉테드를 이용한 노력을 기울여왔다. 대표적인 예가 커크홀트의 주택단지와 스코틀랜드 글래스고시(市)의 주택 보안시설 개량, 브래드퍼드의 로이즈 지역 재개발이다. 특히 글래스고시(市)의 경우 범죄율이 75% 감소할 정도로 효과가 컸다.

최근 들어 미국과 영국 등 선진국에서는 셉테드의 효과를 증명하는 많은 연구보고서가 쏟아져 나오고 있다. 실제 범죄발생률이 떨어질 뿐만 아니라 시민들의 범죄에 대한 불안감 또한 크게 줄어들어 삶의 질 향상으로 이어진다는 보고도 줄을 잇고 있다. 환경심리학자 라포포트(A. Rapoport)는 범죄나 무질서에 대한 불안감은 결국 환경에 달려 있다고 밝혔다.[6]

특히 시·공간적 관점에서 지역 주민들의 일상 및 여가 활동 증대에 의해 범죄가 감소한다는 연구보고서가 여러 차례 발표됐다. 즉, 어둡고 구석져 범죄가 빈번하게 발생했던 곳에 잔디를 심고 벤치 및 가로등을 설치하면 지역 주민들이 이 새로운 공간을 즐겨

---

4 자료: 위키백과

5 박현호(2006년 8월 15일). 셉테드 도입 9년 만에 범죄율 39% '뚝'. 《주간동아》 548호.

6 A. Rapoport(1976). The Mutual Interaction of People and Their Built Environment. A Cross-Cultural Perspective. Mouton.

이용하게 돼 범죄발생을 억제하는 효과를 거둔다는 것이다. 실제로 영국의 뉴캐슬시(市)는 도심의 상업지구 환경을 정비하자 2002년 범죄율이 1999년 대비 26% 감소하는 성과를 거뒀다. 지저분한 상가를 깨끗하게 하고, 조명을 밝게 하고, CCTV를 설치하고, 쾌적한 보행자 보도를 만들자 상권이 살아나면서 범죄가 줄어드는 일석이조의 효과를 거둔 것이다. 그러나 많은 전문가들은 단순히 환경의 물리적 변화만으로 범죄나 범죄에 대한 공포심을 감소시키려는 접근 방법으로는 한계가 있으며, 지역공동체의 사회적인 유대와 공동체 의식이 개선돼야 함을 충고하고 있다. 비공식적인 범죄통제를 유도하기 위해 더욱 폭넓은 사회적 발전 프로그램의 요소들, 즉 도시행정에 대한 주민 책임성과 참여도 제고, 청소년 활동 활성화, 도시민들의 모임 공간 확대 등을 통해 지역공동체의 상호작용을 활성화하는 접근 방법이 셉테드와 함께 동시에 추진돼야 함을 강조하고 있다.

한편, CPTED는 자연적 감시, 접근통제, 영역성 강화, 활동의 지원, 유지관리의 5가지 기본원리를 추구한다. 첫째, '자연적 감시'는 가시권을 최대한 확보할 수 있도록 건물이나 시설물, 수목 등을 배치하는 것이다. 둘째, '접근통제'는 사람들을 도로, 보행, 조경, 문 등을 통해 일정한 공간으로 유도하고, 허가받지 않은 사람들의 출입을 차단시켜 범죄의 기회를 차단하는 것이다. 셋째, '영역성 강화'는 어떤 공간을 사람들이 자유롭게 사용 또는 점유함으로써 그들의 권리를 주장할 수 있는 가상의 영역을 확보함을 뜻한다. 넷째, '활동의 지원'은 공공장소에서 다양한 계층의 이용자들이 다양한 시간대에 이용할 수 있는 프로그램이나 시설을 배치하는 것을 말한다. 다섯째, '유지관리'란 건축물, 시설물, 공공장소 등을 처음 설계된 상태로 유지하여 지속적인 이용이 가능하게 하도록 관리하는 것을 말한다.[7] 즉 CPTED는 잠재적인 범죄자들에게 범행을 더 어렵게 만들어 시민들이 자신들의 환경 속에서 안전을 느낄 수 있도록 인위적으로 구조화한 방범 전략을 의미한다.

① 건축 및 도시계획에 관한 연구

도시 내에서 발생하는 범죄를 예방하기 위한 건축 및 도시계획분야에서의 CPTED 연

---

7 박정아(2010). 단독주택지 외부 공공공간의 범죄불안감 예방을 위한 환경계획 방안 연구. 연세대학교 대학원 석사학위논문.

구는 우리나라에서도 활발히 이루어지고 있다. 김길섭(2008)[8]은 미국을 비롯한 영국, 네덜란드, 호주, 뉴질랜드 등 해외사례를 검토하여 국내의 CPTED 활성화 방안을 모색하였으며, 강석진과 이경훈(2007)[9]은 도시주거지역에서 나타날 수 있는 물리적 또는 심리·행태적 특성의 근린관계 형성요인과 방범환경 요인간의 관계를 분석하여 보다 안전한 주거환경을 조성할 수 있는 기초적인 방안을 모색하고자 하였다. 한편, 이은혜 등(2008)[10]은 안전한 도시 및 건축공간 형성에 관련된 법제도 및 가이드라인을 분석하고, 전문가를 대상으로 CPTED에 대한 적용성을 검토하였다. 이를 통해 지구단위계획에 반영할 수 있는 환경설계를 위한 범죄예방기법을 유형화하였다. 또한, 김순석과 김대권(2011)[11]은 최근 다양한 형태로 추진되고 있는 공동주택단지의 CPTED 적용을 위한 정책적 방안을 고찰하였다.

2 공공공간에 관한 연구

최근에는 공원 등 공공공간에서의 범죄예방에 대한 연구도 꾸준히 진행되고 있다. 송은주 등(2009)[12]은 근린공원을 대상으로 CPTED 이론을 적용하여 CPTED 적용 요소를 보완하였으며, 김홍식(2001)[13]은 특히 서울의 근린공원을 대상으로 방어공간을 형성하기 위한 요소를 도출하였다. 강석진과 박미랑(2011)[14] 역시 서울시 근린공원을 대상으로 하여 공원의 CPTED 적용 요소를 도출하는 등 공원과 관련한 CPTED 연구가 진행되었다. 공원 이외의 공공공간에 대한 연구도 추진되었는데, 박정아(2010)[15]는 단독주택지 외부공공공간의 물리적 환경에 따른 범죄불안감의 관계 파악 및 물리적 환경계획방안을 제시하였으

8   김길섭(2008), 안전한 도시를 위한 CPTED 적용방안에 관한 연구. 한국유럽행정학회보 5(1): 33–58.
9   강석진, 이경훈(2007), 도시주거지역에서의 근린관계 활성화를 통한 방범환경조성에 대한 연구: 수도권 P시 단독주택지를 중심으로. 대한건축학회논문집 23(7): 97–106.
10 이은혜, 강석진, 이경훈(2008), 지구단위계획에서 환경설계를 통한 범죄예방기법 적용에 대한 연구: 지구단위계획 요소별 CPTED기법 유형화를 중심으로. 대한건축학회논문집 24(2): 129–138.
11 김순석, 김대권(2011), 공동주택단지의 CPTED 도입현황과 문제점. 한국범죄심리연구 7(1): 55–78.
12 송은주, 송정화, 오건수(2009), 근린공원의 활성화를 위한 범죄예방 환경설계기법에 관한 연구. 대한건축학회 학술발표대회 논문집 29(1): 237–240.
13 김홍식(2001) 근린공원에서의 방어 공간 형성에 관한 연구. 연세대학교 대학원 석사학위논문.
14 강석진, 박미랑 외(2011), 범죄예방을 위한 환경설계의 제도화 방안 (IV): 공원 및 문화재 관련시설 범죄예방을 중심으로. 형사정책연구원 연구총서, 19–352 (323 pages).
15 박정아(2010). 단독주택지 외부 공공공간의 범죄불안감 예방을 위한 환경계획 방안 연구. 연세대학교 대학원 석사학위논문.

며, 허지은(2010)[16]은 동대문시장에 CPTED 이론을 적용하여 물리적 환경 개선 방안을 제시하였다. 앞의 연구들은 공원 등 공공공간의 물리적 환경에 대한 분석을 통한 개선방안을 제시하였지만, 분석에 활용한 항목들이 주거단지 및 도시계획을 위한 CPTED 지침들을 기준으로 하였기 때문에 공원에 적합한 분석을 시행하는 데 한계가 있었다.

③ 도시공원의 CPTED 관련 법률

국토교통부에서는 2012년 9월 우리나라에서 도심 내의 대표적인 여가 및 휴식공간인 도시공원이 각종 범죄의 장소로 이용됨에 따라 그에 대한 대책을 마련하고, 도시공원의 가시성, 접근성, 활용성 등의 증대를 통하여 안전하고 쾌적한 도시공원의 조성·관리 유도를 목적으로 한 '도시공원·녹지의 유형별 세부기준 등에 관한 지침 일부 개정안'을 발표하였다.

이 개정안은 지침에 따라 도시공원을 CPTED의 원리를 고려하며, 이용자들의 안전을 위한 설치 및 관리가 되어야 한다. 이용자의 시야를 확보하는 수목의 식재, 파손을 최소화할 수 있는 디자인 고려, 공원의 특성 및 안전을 감안한 조명 배치, 사각지대와 같은 감시기능이 필요한 위치에 CCTV 설치 등을 주요 내용으로 한 공원계획기준을 제시하고 있다. 우리나라 최초의 공원의 범죄예방과 관련된 기준이라는 점에서 의의가 있다고 할 수 있다. 하지만 CPTED와 관련된 공원의 계획 기준만 명시되어 있을 뿐 그에 관한 세부 설계사항 등이 없어 향후 보완사항으로 지적된다.[17]

도시공원·녹지의 유형별 세부기준 등에 관한 지침 중 제4절 범죄예방을 위한 도시공원의 계획·조성·유지관리 기준[18]을 소개하면 (표 2-1)과 같다.

한편 범죄예방을 위한 도시공원의 계획·조성·유지관리 기준을 요약하면 (그림 2-1)과 같다.

CPTED관련 법률을 기반으로 하여 CPTED의 기본원리를 좀 더 자세히 살펴보자.

---

16 허지은(2010), CPTED 설계를 통한 환경디자인 개선에 관한 연구. 국민대학교 디자인대학원 석사학위논문.
17 국토교통부.
18 국가법령정보센터 http://www.law.go.kr/admRulInfoP.do?admRulSeq=2000000026210 (2014년 3월 24일 검색).

표 2-1

범죄예방을 위한 도시공원의 계획·조성·유지관리 기준

3-4-1. 도시공원을 계획·조성·관리함에 있어 다음과 같은 환경설계를 통한 범죄예방 (CPTED)의 일반원칙을 고려하여야 한다.

(1) 자연적 감시 : 내·외부에서 시야가 최대한 확보되도록 계획·조성·관리
(2) 접근통제 : 이용자들을 일정한 공간으로 유도 또는 통제하는 시설 등을 배치
(3) 영역성 강화 : 공적인 장소임을 분명하게 표시할 수 있는 시설 등을 배치
(4) 활용성 증대 : 다양한 계층의 이용자들이 다양한 시간대에 이용할 수 있는 시설 등을 배치
(5) 유지관리 : 안전한 공원환경의 지속적 유지를 고려한 자재선정 및 디자인 적용과 운영·관리

3-4-2. 도시공원은 이용자의 안전을 위하여 아래 기준에 따라 계획·설치·관리하여야 한다.

(1) 공원계획은 식재수목이나 시설물이 이용자의 시야를 가능한 방해하지 않도록 계획한다.
(2) 공원의 출입구는 도로나 주변의 건물에서 쉽게 인지할 수 있도록 계획하고 이용자의 동선을 명료하게 하여 이용성을 높이도록 유도한다.
(3) 공원의 경계설정이 필요한 경우에는 가시성을 확보할 수 있는 난간이나 투시형 펜스를 사용하고, 생울타리로 공원경계를 구분할 경우에는 이용자의 시야가 확보되도록 조성하여야 한다.
(4) 수목은 교목과 관목이 주변의 시야를 저해하지 않는 수준에서 수목성장을 고려하여 적절히 조화를 이루도록 계획·관리하여야 한다.
(5) 수목은 항상 정돈·관리되어야 하고 이용자에게는 방향성을 제시하며, 숨을 수 있는 공간, 사각지대가 최소화되도록 배식하여야 한다.
(6) 공원에 설치하는 안내시설물은 통행이 잦은 공원의 출입구 주변 및 사람들이 많이 모이는 장소에 설치하여 이용자의 위치파악이 용이하도록 하고, 설치장소의 주변 환경요소와 시각적 간섭이 발생하지 않도록 하여야 한다.
(7) 공원에 화장실을 설치하는 경우, 도로에서 가까운 장소 등 주위로부터 시야가 확보된 장소에 설치하고, 화장실 출입구는 다른 공공장소에서 잘 보이도록 배치하며, 화장실 입구 부근 및 내부는 사람의 얼굴·행동이 명확하게 식별할 수 있는 정도 이상의 조도를 확보하여야 한다.
(8) 관리사무소는 이용자의 행위를 감시하기에 적절한 공원출입구 등에 배치하고 감시가 용이한 디자인을 고려하도록 한다.
(9) 공원의 의자 등 휴게시설은 가로등·보행등이 설치되어 잘 보이는 곳에 배치하고, 사회적 일탈행위 등을 예방하기 위한 디자인을 고려하여야 한다.
(10) 의자, 쓰레기통, 표지판 등 공원시설물은 파손 등을 최소화할 수 있는 디자인을 고려하여야 한다.
(11) 조명은 도시공원의 특성을 살릴 수 있는 배치를 하되 적정한 조도를 유지하여 안전감을 높여야 한다.
　　(가) 산책로 주변에는 유도등이나 보행등을 설치하여 공원을 이용하는 사람들의 불안감을 감소시켜야 한다.
　　(나) 수목이나 공원시설물 등에 의하여 조명시설이 가리지 않도록 배치하고 관리되어야 한다.
　　(다) 공원입구, 통로, 주차장, 표지판, 주요활동구역에는 충분한 조명을 설치하여 야간에도 쉽게 보이도록 하여야 한다.
　　(라) 조명시설은 설치위치를 고려하여 파손 예방 디자인을 고려하여야 한다.
(12) 폐쇄회로 텔레비전(CCTV)은 공원의 입구 등 감시의 기능이 필요한 위치와 공원의 사각지대를 최소화시키는 위치에 설치하고, 야간활용을 위하여 조명도 설치하여야 한다.

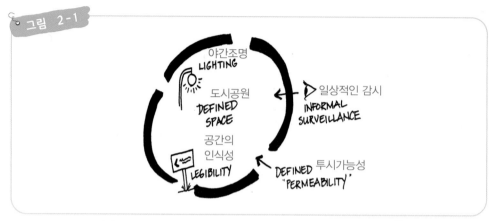

범죄예방을 위한 도시공원의 계획·조성·유지관리 기준의 요약[19]

4 셉테드(CPTED)의 원리[20]

CPTED는 잠재적인 범죄자들에게 범행을 더 어렵게 만들어 시민들이 자신들의 환경 속에서 안전을 느낄 수 있도록 인위적으로 구조화한 방범 전략을 의미한다. 따라서 감시, 접근통제, 영역성 강화, 명료성 강화, 활동의 활성화, 유지관리 등의 기본 원리 관리를 통해 범죄 기회를 심리적, 물리적으로 저지 및 예방하는 것을 뜻하며, CPTED의 기본 원리는 다음과 같다.[21]

(1) 자연적 감시(Natural Surveillance)

자연적 감시는 주변에 대한 시선연결을 최대화시켜 잠재적 피해자를 보호하고 범죄자의 행위를 위축시키는 특징이 있다. CPTED에서는 기계경비나 인적경비에 의한 감시보다 일상생활 중에 자연스럽게 주변을 살피면서 외부인의 침입여부를 관찰하고, 이웃주민과 낯선 사람들의 활동을 구분함으로써 범죄와 불안감을 저감시키는 것을 강조한다. 계

19　그림 자료: http://walimemon.com/2010/04/eyes-on-street-and-cpted-1/
20　LH공사(2011), 범죄예방기법설계예방사례집 참조.
21　박정아(2010), 앞의 논문, 11.

그림 2-2

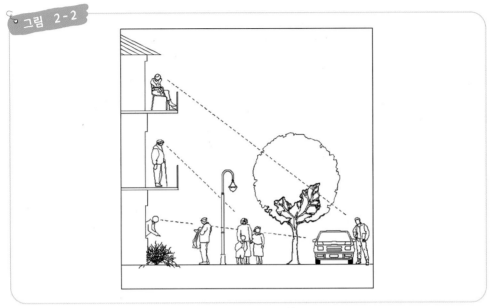

자연적 감시의 예[22]

획 시 감시기능 강화와 관련된 담장 허물기나 투시형 담장 설치, 내·외부 감시를 위한 개
방형 디자인, 조명의 적절한 위치선정을 통한 야간시야 확보, 조경 수목의 관리, 기타 감
시의 사각지대 제거 등을 고려해야 한다(그림 2-2).

(2) 자연적 접근통제(Natural Access Control)

접근통제는 가장 구체적인 범죄예방 대책으로서 출입공간을 제한시켜 외부인의 활
동을 자연스럽게 통제하거나, 방범설비의 강화를 통해서 침입을 원천적으로 봉쇄하는 방
법이 적용된다. 접근통제와 관련해서는 쿨데삭(cul-de-sac) 구조의 공간배치, 출입문 시건장
치 강화, 외벽에 노출된 가스배관 매립 및 침입방지 시설과 방범창, 보안업체 시설설치,
방범용 CCTV 등이 가이드라인에 반영되고 있다. CCTV의 경우는 범죄자의 행위를 위축
시킬 수 있기 때문에 기계적 감시와 함께 접근통제의 전략으로도 적용될 수 있다(그림
2-3).

---

22 http://www.lancastercsc.org/CPTED/Natural_Surveillance.html

그림 2-3

자연적 접근통제의 예[23]

(3) 영역성 강화(Territorial Reinforcement)

영역성 강화는 환경정비를 통한 심리적 측면에서의 범죄예방 대책으로 적용되고 있다. 영역구분을 위한 시설물 설치나 바닥패턴 변화, 건물 주변 화단, 한 평 공원 조성 및 정돈된 조경식재, 적절한 안내시설과 기타 상징적 장애물 등의 설치가 가이드라인에 반영되고 있다. 영역적 위계가 갖추어진 곳에서 잠재적 범죄자는 대상공간을 지역주민들이 많은 관심을 갖고 관리하는 것으로 해석하고 자신의 행위가 감시되거나 제지당할 수 있음을 인식함으로써 범죄행위에 소극적이 될 가능성이 있다(그림 2-4).

(4) 명료성 강화(Legibility)

명료성은 공간과 시설을 쉽게 인지하고 올바르게 이용할 수 있도록 계획하는 것이다. 주로 가로망도로계획을 단순화시키거나 긴급 상황 시 각종 안내 시설과 비상 시설 조명, 비상벨 등을 쉽게 사용하도록 차별적 디자인을 반영하는 것 등이 여러 외국도시의

23 http://www.co.henrico.va.us/police/programs/crime-prevention-through-environmental-design-cpted/natural-access-control/

그림 2-4

영역성 강화의 예[24]

그림 2-5

명료성 강화의 예

CPTED가이드라인에 반영되고 있다(그림 2-5).

---

24 http://www.co.henrico.va.us/police/programs/crime-prevention-through-environmental-design-cpted/territorial-reinforcement/

(5) 활동의 활성화(Activity Support)

활동의 활성화는 '거리의 눈'에 감시효과를 높이는 것으로, 주로 공공장소를 활성화시킬 수 있는 공간과 시설계획이 적용된다. 한 가지 시설물이 다양한 목적으로 사용될 수 있도록 디자인하거나 휴게기능이 있는 볼라드 설치 등 유휴공간이나 방치된 공간을 적극적으로 활용해서 대상지역에 필요한 공간으로 만드는 것 등이 가이드라인에 반영된다. 이러한 개념은 지역재생의 개념과도 관계된 것으로 주민의견 수렴을 통한 적절한 계획수립이 매우 중요하다(그림 2-6).

그림 2-6

활동의 활성화의 예

(6) 유지관리(Maintenance)

〈깨진 유리창 이론〉을 통해서 황폐하거나 관리되지 않는 곳에서는 범죄와 불안감이 증가하는 것을 알 수 있다(그림 2-7). 깨진 유리창 이론(Broken Windows Theory)은 미국의 범죄학자인 제임스 윌슨과 조지 켈링이 1982년 3월에 공동 발표한 깨진 유리창(Fixing Broken Windows: Restoring Order and Reducing Crime in Our Communities)이라는 글에 처음으로 소개된 사회 무질서에 관한 이론이다. 깨진 유리창 하나를 방치해 두면, 그 지점을 중심으로 범죄가 확산되기 시작한다는 이론으로, 사소한 무질서를 방치하면 큰 문제로 이어질 가능성이 높다

그림 2-7

깨진 유리창 이론의 예

는 의미를 담고 있다. 영역성 강화와 함께 지역 주민들의 관심과 책임의식에 근거한 지속
적인 유지관리는 범죄예방뿐 아니라 안정적인 지역 이미지 확산에도 일조할 수 있다.[25]

---

25 강석진. 범죄예방 환경설계 현황과 전망. 〈환경과 조경〉 2013년 7월호.

CHAPTER

3

어린이공원이란?

1 어린이공원의 개념 및 의의

어린이공원이란 '도시공원및녹지들에관한법률'에 의해 조성되는 도시공원 중 생활권 공원의 하나이다. 어린이들의 휴식과 놀이를 위한 공간제공을 목적으로 제공되는 공원으로 최소면적은 1,500㎡ 이상으로 정한고 있다.

어린이는 미래사회의 주인이자 현재 도시 오픈 스페이스의 주이용자로서 어린이들의 주생활인 놀이를 위한 계획이 비단 어린이공원의 계획과 배치에 한할 것이 아니라 도시 오픈 스페이스 내의 잠재적인 놀이공간들을 개발해야 하고 놀이의 사회적 가치에 부응하여 사회적·물리적으로 그 방향을 정해 주어야 한다.

도시공원의 근본은 근린개념이며 어린이공원과 근린공원이 기본구조를 형성하고 있

그림 3-1

어린이공원은 주이용자인 어린이 놀이의 사회적 가치에 부응하여
사회적·물리적으로 그 방향을 정해 주어야 한다.

으며, 전국의 도시공원 대비 어린이공원 수가 50%를 상회하고 있다. 최근 유치원에서 제공되는 다양한 체험프로그램 등과 PC방, 놀이방, 실내 놀이터 등과 놀이공원을 대체할 여가공간의 증가로 어린이공원은 어린이들의 이용감소로 빈터로 남겨지고 있다.[1] 따라서 어린이공원이 어린이를 포함하는 사회적 약자를 배려하는 공동체공간으로 거듭날 수 있는 방안도 추후 모색되어야 하겠다.

② 어린이공원의 관련 법률

도시공원 및 녹지 등에 관한 법률 제15조

(도시공원의 세분 및 규모) ① 도시공원은 그 기능 및 주제에 따라 다음 각 호와 같이 세분한다. 〈개정 2012.12.18, 2013.5.22〉

1. 생활권공원: 도시생활권의 기반이 되는 공원의 성격으로 설치·관리하는 공원으로서 다음 각 목의 공원
    가. 소공원: 소규모 토지를 이용하여 도시민의 휴식 및 정서 함양을 도모하기 위하여 설치하는 공원
    나. 어린이공원: 어린이의 보건 및 정서생활의 향상에 이바지하기 위하여 설치하는 공원
    다. 근린공원: 근린거주자 또는 근린생활권으로 구성된 지역생활권 거주자의 보건·휴양 및 정서생활의 향상에 이바지하기 위하여 설치하는 공원

2. 주제공원: 생활권공원 외에 다양한 목적으로 설치하는 다음 각 목의 공원
    가. 역사공원: 도시의 역사적 장소나 시설물, 유적·유물 등을 활용하여 도시민의 휴식·교육을 목적으로 설치하는 공원
    나. 문화공원: 도시의 각종 문화적 특징을 활용하여 도시민의 휴식·교육을 목적으로 설치하는 공원

---

1 경기개발연구원(2012), 어린이공원을 공동체공원으로 전환.

다. 수변공원: 도시의 하천가·호숫가 등 수변공간을 활용하여 도시민의 여가·휴식을 목적으로 설치하는 공원

라. 묘지공원: 묘지 이용자에게 휴식 등을 제공하기 위하여 일정한 구역에 「장사 등에 관한 법률」 제2조제7호에 따른 묘지와 공원시설을 혼합하여 설치하는 공원

마. 체육공원: 주로 운동경기나 야외활동 등 체육활동을 통하여 건전한 신체와 정신을 배양함을 목적으로 설치하는 공원

바. 도시농업공원: 도시민의 정서순화 및 공동체의식 함양을 위하여 도시농업을 주된 목적으로 설치하는 공원

사. 그 밖에 특별시·광역시·특별자치시·도·특별자치도(이하 "시·도"라 한다) 또는 「지방자치법」 제175조에 따른 서울특별시·광역시 및 특별자치시를 제외한 인구 50만 이상 대도시의 조례로 정하는 공원

② 제1항 각 호의 공원이 갖추어야 하는 규모는 국토교통부령으로 정한다. 〈개정 2013.3.23〉

③ 어린이공원의 법적 기준[2]

어린이공원은 근린에 거주하는 어린이 놀이공간인 공원이다. 어린이공원의 입지는 안전성 확보를 위해 주변으로부터 쉽게 관찰이 되도록 설치해야 하고, 공원 내에 보호자를 위한 공간의 조성, 사고에 대비할 수 있는 조명시설, 표지판 등 시설의 설치·관리가 필요하다. 공원을 설계할 때 대상 어린이의 생활 및 놀이의 형태 특성 및 변화를 반드시 반영하여야 하며, 연령(유아, 유년, 소년)별 충돌이 최소화되도록 공간구분이 필요하다. 놀이시설 공간 이외에도 잔디밭, 레크리에이션 장소, 휴게시설, 녹지공간 등을 적절하게 설치하고, 지역성 및 독자성 등이 나타날 수 있도록 한다. 놀이시설 등의 재료는 가급적 자연친화적 재료의 사용을 권장한다.

현행 도시공원및녹지등에관한법률에서는 어린이의 보건 및 정서 생활의 향상을 위해 유치거리는 250m 이하, 규모는 1,500㎡ 이상을 어린이공원의 설치기준으로 정하고

---

2 이명우(2011), 조경법규, 기문당, 123–124쪽 참조.

그림 3-2

어린이공원은 벤치, 미끄럼틀, 그네, 모래사장, 화장실 등을 필수시설로 규정하고 있다.

있다.

어린이공원의 공원시설 면적률은 공원면적의 60% 이내로 제한하고 있으며, 건폐율은 대지면적의 5%를 넘지 못하게 규정하고 있다.

또한 설치가능한 시설로서는 어린이 전용의 조경시설, 유희시설, 운동시설 및 휴양시설(경로당 및 노인복지회관은 제외) 그리고 편익시설 중 화장실, 음수장, 공중전화실을 설치하도록 규정하고 있으며 벤치, 미끄럼틀, 그네, 모래사장, 화장실 등은 어린이공원의 필수시설로 규정하고 있다. 여기서 휴양시설은 보호자가 이용할 수 있도록 한다. 필수공원시설인 도로, 광장 및 공원관리시설은 설치하지 않아도 되며, 공원관리시설이 필요한 경우에는 근린생활권 단위별 1개를 설치하여 통합관리할 수 있다.

대규모 택지개발의 근거법인 주택건설촉진법에서는 복지시설로 어린이 놀이터를 규정하고 있으며, 주택건설기준에 관한 규칙 제24조에 따르면 면적 330㎡ 이상을 주된 내용으로 하는 어린이 놀이터 시설기준을 제시하고 있다.

4 어린이공원의 성격

어린이공원은 어린이라는 특정한 연령층을 주이용자로 설정한 단일 목적의 공원으로 우리나라의 도시공원법에는 250m의 이용권역과 1,500㎡의 최소 면적을 규정하고 있다. 그네, 시소 등의 기본적 유희시설과 화장실 등을 필수시설로 지정하고 있는 것에서 알 수 있듯이 어린이의 연령, 기능 등에 따라 분화되지 못한 상태로 유지되고 있다. 이러한 어린이공원의 최소 면적과 필수시설의 지정은 어린이의 놀이행태가 연장자의 높이를 모방하는 경향이 있으므로 시설이용의 효용성을 높인다는 긍정적인 면도 있지만, 공원면적과 시설의 획일화를 지양하고 공원과 내부시설의 특화 및 다양화가 선행되어야 할 것이다.

그림 3-3

어린이공원은 공원면적과 시설의 획일화를 지양하고
공원과 내부시설의 특화 및 다양화가 선행되어야 한다.

5 어린이공원의 설계 목표[3]

어린이공원의 계획 시에는 다음과 같은 설계 목표가 설정되어야 그 기능을 발휘할 수 있다(그림 3-4).

(1) 접근성

어린이공원의 주이용자는 어린이와 부인, 노인 등의 보호자로서 도보이용이 중심이 된다. 따라서 어린이공원은 도보로 3~4분에 도달할 수 있는 250m의 유치거리를 가져야 한다.

(2) 쾌적성

보호자를 위한 쾌적한 휴식공간이 확보되어야 하며, 어린이는 주변 환경에 구애받지 않고 놀이에 열중할 수 있어야 한다.

(3) 안전성

간선도로에서 떨어진 주구 내에 배치하여 안전하게 접근할 수 있어야 하며, 다양한 행태의 놀이에도 어린이의 부상이나 사고를 유발시키지 않는 안전성을 구비해야 한다.

(4) 흥미성

모험공원이나 교통공원과 같은 특수 기능공원뿐 아니라 일반 어린이공원도 시설의 규모, 형태 및 시설종류에 있어 독특한 감흥을 주어야 꾸준한 공원이용이 가능하다. 이에 따라 유지관리는 최소한의 비용과 노력으로 이루어질 수 있도록 계획되어야 한다.

---

3 최기호. 공원시설. 조경연구회.

그림 3-4

어린이공원은 접근성, 쾌적성, 안정성, 그리고 흥미성 등을
반드시 고려하여 계획하고 설계하여야 한다.[4]

6 어린이공원의 설계에 대한 문제제기[5]

다음은 서울의 한 설계사무소가 어린이공원의 설계 전에 반드시 고려해 보아야 할 몇 가지 문제를 제기하고 있는 자료이다. 이 책의 내용과 관련이 많아 보여 여기에 전문 중 일부를 소개하며 저자의 의견도 답변형식으로 담았다.[6]

(1) 설계에 앞선 문제제기

Q "우리는 용역의 이름이 의미하는 푸름의 의미를 넘어서 어린이공원의 본질적인

---

4   사진자료: http://www.thisiscolossal.com/2012/04/ridiculously-imaginative-playgrounds-by-monstrum/
5   http://www.flower-wolf.com/aelim.htm의 글.
6   사진자료: http://www.blooloop.com/features/amusement-parks-klump-island-opens-at-tivoli-gard/312#.Uzp2vah_vlw

어린이공원 설계자는 푸름의 의미를 넘어서 어린이공원의
본질적인 측면에 대해서 생각해 보아야 한다.

측면에 대해서 생각해 보아야 했다."

Ⓐ "그렇다. 그럼에도 어린이공원은 단지 푸른 녹지공간을 도시에 공급한다는 차원을 넘어 어
린이라는 특수한 연령층이 사용하는 공원임에 주목하여야 한다."

(2) 어린이공원이란 과연 무엇인가?

Ⓠ "어린이공원이란 단순한 유희공간으로서 존재하는 것이 아니다. 거기에는 우리
시대가 가지고 있는 가치관과 배려 그리고 문화적인 코드들이 얽혀 있다."

Ⓐ "그렇기 때문에 어린이공원은 접근성, 쾌적성, 안정성, 그리고 흥미성 등을 반드시 고려하여
계획하고 설계하여야 한다. 아울러 이용자의 오감을 만족시키는 디자인이면 더 좋겠다."

그림 3-6

어린이공원은 우선 아이들이 즐겁게 놀 수 있는 곳이어야 한다.

(3) 어린이공원에서 과연 어린이가 주인인가?

Q "어린이공원이 다른 그 어떤 용도로도 쓰여서는 안 된다는 사실이다. 그곳은 바로 어린이들을 위한, 어린이의 공간이어야 한다."

A "동의한다. 그러나 공원은 그 명칭에 상관없이 도시의 모든 사람을 위한 곳이어야 하지 않겠는가? 공원이라는 도시의 공간은 원래 도시민 모두를 위한 공간이었으니까."

한편 경기개발연구원(2012)의 최근 연구[7]에 따르면 저자의 의견과 비슷하게 어린이공원에 대해 노인을 포함한 사회적 약자들이 이용할 수 있는 공동체공원으로의 전환을 주장하면서 다음과 같이 내세우고 있다. 연구자들은 (우리나라는) "2010년 기준 전체 인구 중 전국 11.3%, 수도권 9.1%, 경기도 8.9%가 65세 이상으로 이미 고령화 사회에 진입하여 있다. 이렇듯 과거 인구구조가 피라미드 구조에서 종형으로 변화됨에 따라 어린이공원 이용대상에 노약자와 사회적 약자를 포함시켜야 한다. 어린이공원이 도시공원의 기본을 형성하는 이유는 멀리까지 이동이 어렵고 안전이 필요한 이용자를 위한 것이었으므로 어린이뿐만 아니라 노인과 장애인 역시 어린이와 같이 접근성의 약자인 관계로 이를 위한 여가공

---

7 경기개발연구원(2012), 어린이공원을 공동체공원으로 전환.

공원이라는 도시의 공간은 원래 도시민 모두를 위한 공간이다.

간에 대한 공급이 필요하다. 실제 어린이공원의 이용실태를 살펴보면 어린이뿐만 아니라 다양한 세대의 공동체가 이용하는 형태로 어린이공원은 이미 어린이만을 위한 공간이 아닌 커뮤니티 공간의 기능을 수용하고 있다. 또한, 최근 서울시를 중심으로 공동체공원 조성에 대한 사회적 요구가 대두되는 만큼 세대 간 공동으로 이용할 수 있는 공간의 필요성이 증대되고 있다" 고 하면서 공동체공원으로서의 어린이공원의 필요성을 제안하고 있다.

(4) 도시의 맥락과 장소의 기억 속에서 어린이공원은 어떻게 읽혀지는가?

Q "어린이공원은 그 지역을 엮어주는 하나의 열린 공간으로서 구심점이 되고, 공원의 형상화를 통해서 동네의 정체성을 획득할 수 있는 유일한 방법이다."

A "어린이공원은 동네의 구심점 역할을 해야 한다. 어린이를 통하여 주민들이 하나가 되는 소통의 장으로서의 역할을 해야 한다."

어린이공원은 어린이를 통하여 주민들이 하나 되는 소통의 장으로서의 역할을 해야 한다.

(5) 어린이공원이라는 공간

Q "어린이공원은 여느 공원과는 다른 공간의 특성을 가지고 있다. 먼저 어린이공원은 외부의 어떤 위협적인 요소-소음, 차량, 불량한 시선-로부터 보호되어야 한다. 그러면서도 아이들의 놀이를 지켜볼 수 있도록 어느 정도 열려 있어야 한다. 그리고 어린이공원은 주변의 불량한 시각적 환경을 차단시켜주면서, 미적인 고려를 해야 한다. 어린이공원은 효율적인 놀이 공간으로서 역할을 해야 한다. 법적인 면적에도 미치지 못하는 현실적인 공간이 최대한 놀이공간으로 쓰이기 위해, 또 효율적인 관리를 위해 기존의 식재에 대한 관습을 버리고 좁은 공간을 극대화할 수 있도록 공간을 만들어야 한다. 어린이를 위한 시설물들은 안전과 내구성이라는 기본적인 인식을 넘어서 그것이 하나의 상징이며, 어린이들의 상상력을 돕는 조형물로서 존재해야 한다."

A "그렇다. 어린공원이라는 공간은 그래서 A. Maslow(1908 ~ 1970)[8]가 주장하는 인간욕구 5단계

---

8 미국의 심리학자·철학자. 인본주의 심리학의 창설을 주도하였으며, 기본적인 생리적 욕구에서부터 사랑, 존중 그리고 궁극적으로 자기실현에 이르기까지 충족되어야 할 욕구에 위계가 있다는 '욕구 5단계설'을 주장하였다. 저서로는 《존재의 심리학 Towards a Psychology of Being》,《최상의 인간 본성 The Farther Reaches of Human Nature》 등이 있다. 자료: 에이브러햄 매슬로 [Abraham H. Maslow] (두산백과)

그림 3-9

어린이공원은 어린이이용자의 자아실현을 위하여 안전과 편안함이 강조되어야 한다.

를 만족해야 한다. 즉 주이용자인 어린이의 생리적욕구, 안전욕구, 사회적욕구, 자기존중욕구 그리고 자아실현까지도 배려한 공간이 제공된다면 매우 좋겠다. 어린이들의 자아실현의 욕구를 충족시키기 위해서는 수많은 요인이 필요하겠지만 자기보호 공간 없이는 불가능하다. 이는 다른 욕구에도 적용이 가능하다. 따라서 어린이공원에서만큼은 이러한 어린이의 자아실현의 욕구를 실현하기에 가장 좋은 공간으로 계획되고 설계되어야 함을 명심하자. 특히 어린이 이용자의 안전과 편안함이 가장 강조되어 야 한다."

CHAPTER

4

대상지분석: PPT

1 프로세스로서의 조경디자인

대부분의 조경디자이너들은 공원을 디자인할 때 디자인과정이라는 분석적이고 창조적인 일련의 사고단계를 도입하는데 이것이야말로 공공성을 띤 조경디자인이 정원예술과 구별되는 가장 큰 차이점이라고 한다. 그래서 어느 유명한 조경전문가는 '디자인은 프로세스가 주도한다'고 주장한다. 디자인 프로세스는 조경가로 하여금 모든 설계요소들이 프로젝트의 요구사항에 종합적이고 효과적으로 합치하도록 하며, 미적으로도 만족할 수 있는 하나의 완성된 조경디자인에 이르도록 한다. 한편 앞에서 살펴본 디자인 요소들은 요소들 간의 상호 관련성을 고려하지 않고 설계요소 각각에 대해서만 초점을 맞추었다. 그러나 조경디자이너는 이러한 요소들을 개별적으로 설계하지는 않으며, 이러한 개별 요소들은 철저하게 파악하여 객관적인 사고와 디자이너의 감각을 동원하여 이들을 어떻게 잘 조화시키는가에 프로젝트의 성공여부가 달려 있다고 하겠다. 즉, 부지의 지형이 건물이나 식물재료, 포장 등에 어떤 영향을 미칠 것인가에 대한 고려 없이는 바람직한 결과를 기대하기는 어렵다. 각각의 설계요소는 서로에게 영향을 준다는 것이다.

조경디자인, 특히 어린이공원의 계획은 기본적으로 "디자이너와 클라이언트, 즉 의뢰자"라는 관계에 의하여 성립된다. 따라서 설계과정은 다음의 내용을 포함하며 클라이언트를 위하여 다양한 역할을 한다. 먼저, 디자인 안을 창조하기 위한 논리적인 틀을 제공하고, 다음으로 결정된 디자인 안이 디자인 환경(부지, 의뢰자의 요구, 예산 등)에 적합하리라는 확신을 주며, 세 번째로는 대안들을 비교하고 검토함으로써 의뢰자를 위하여 최선의 토지 이용을 결정함에 있어 도움을 주며, 마지막으로 의뢰자에게는 그 디자인 안을 선정한 이유에 대하여 설명하고 해명하는 근거를 마련해 준다.

디자인과정은 "문제해결과정(problem solving process)"이라고도 말하며 반드시 그렇지는 않지만 대개 연속적인 일련의 단계를 따른다. 이는 건축가나 산업디자이너, 엔지니어 혹은 과학자들이 문제해결을 위해 사용하는 것과 동일한 단계라고 생각하면 된다.

특히 조경디자인은 이용자인 다수의 시민을 항상 염두에 두어야 하는 이용자중심디자인(User centered design)일 것이다. 따라서 조경의 경우 이러한 이용자의 욕구를 만족시킴과 아울러 그 대지의 생태적 요구사항을 동시에 만족시키기 위해 디자인프로세스의 초기 단

---

1 김수봉(2012), 그린디자인 참고.

계로 사이트의 분석과정을 거친다. 여기서는 저자가 학생들과 어떤 조경 사이트를 가지고 계획할 때 주로 사용하는 분석방법인 PPT와 4E에 대해서 알아본다. 이 사이트 분석은 안전한 어린이공원계획을 위한 가장 중요한 과정이라고 생각된다. 이것은 어린이공원을 계획할 부지의 지역적인 요소들과 사회·생리·심리적인 분석 그리고 시대정신의 해석에 관한 내용이다.

② PPT분석: 대상지의 분석[2]

대부분의 조경의 대상지는 땅, 즉 대지로 이루어지며 우리는 이것을 단지라고 부르기도 한다. PPT(People, Place, Time)분석이란 대상지의 People, 즉 대상지 주변에 거주하는 사람들 혹은 장래 이 공원을 이용하게 될 사람들의 사회·생리·심리적인 특성분석을 의미한다. Place, 즉 대상지의 물리적, 생태적 그리고 역사적 특성, 즉 기후, 식생, 지질, 토양, 야생동물, 역사적인 배경, 사회구성요소와 전통, 지방정부의 규칙, 공원과 어린이 놀이터에 대한 근린규정 그리고 상하수도와 다른 서비스 시설물의 특성을 분석하는 것을 말한다. 마지막으로 Time이란 현재 조경디자인 분야의 트렌드나 사회적 이슈를 말한다.

이러한 단지분석은 프로젝트과정에서 적절한 대지와 주어진 시설물의 내용을 결합시키는 것이다. 대지의 선택은 미리 정해진 프로그램에 여러 개의 유용한 대지를 비교 분석함으로써 결정된다. 계획가에 따라 지역 내 대지의 위치와 접근성, 상가와의 관련성, 공장 그리고 교통 등이 중요한 요소로 작용된다. 다른 요소들은 제안된 프로그램을 수용할 수 있는 토지 수용력과 관련이 있다. 어떠한 대지가 요구조건을 가장 잘 만족시키는가에 대한 답을 계획가는 분석을 통하여 제시하여야 한다.

때로 대지의 분석은 토지의 일부분이 무엇에 가장 적절한가를 결정하는 과정이 된다. 이러한 경우에 있어 프로그램은 그 대상지의 지역적·사회적·생태적 맥락 속에서 대지의 쾌적성과 잠재성에 대한 직접적인 반영이 이루어져야 한다.

---

2 Michael Laurie(1975), An introduction to landscape architecture, American Elsevier Pub. Co. 참고.

③ People: 이용자 특성

바람직한 조경설계 혹은 계획은 인간의 본질과 자연의 본질이라는 두 가지 중요한 과정의 산물이라고 생각한다. 여기서 People, 즉 인간의 본질에 대한 분석을 하는 것이 이용자분석일 것이고 자연의 본질에 대한 분석이 다음에 다룰 Place, 즉 대장지의 물리·생태적 특성 분석이다.

이용자 특성을 조사하는 이유는 계획가나 설계가에게 중요한 문제는 누가 이 공간 혹은 장소의 고객이며 사용자인가 하는 문제이다. 조경디자인에 있어서 고객은 설계의 형태나 내용의 주요한 자료이다. 왜냐하면 우리는 잘 팔리는 공원이라는 상품을 만들어야 하는 조경디자이너이기 때문이다. 정원을 만드는 것처럼 고객이 한 명인 일대일 관계이면 최상의 관계일 것이다. 그러나 우리가 만들고자 하는 것은 모든 사람들이 이용하는 공원이다. 이럴 경우 그 고객은 익명의 대중일 것이다. 이러한 익명의 고객을 상대로 그들의 요구사항을 파악할 때 우리는 그 대상지의 직접적인 이용자가 될 가능성이 큰 그룹 혹은 지역 공동체의 구성원들과의 직접적인 토론이나 그 사람들의 행태를 관찰함으로써 자료를 얻을 수 있다. 또 다른 방법은 인간의 행태나 지각의 일반적인 원리 혹은 보편성에 익숙해지는 것이다.

(1) 사회적 분석: 설문조사법(Questionnaires)

사회적 분석방법에는 설문지를 만들어 이용자의 요구를 파악하는 설문조사법, 특별한 이용이나 활동적인 지역에서 이용자 행태를 직접적으로 관찰하는 관찰법, 그리고 설계와 계획과정에 지역주민을 직접 참여시켜 이용자의 욕구와 만족도를 설계에 부합시키는 지역주민참여와 연구모임 등이 있으나 여기서는 설문지법에 대하여 살펴보겠다.

디자이너들에게는 여러 가지 방법으로 고객들의 요구와 태도를 조사하고 분석할 수 있는 방법들이 있다. 그 중에서 이용자 행태에 관한 정보를 수집하는 데 가장 일반적으로 많이 쓰는 방법 중의 하나가 설문지법이다. 이 설문조사법의 성공의 여부는 어떤 설문으로 설문지를 만드는지와 설문에 사용하는 단어에 달려 있다. "당신은 이러한 것에 대해 어떻게 생각하는가?" 혹은 "당신은 어떤 종류의 환경을 좋아하는가?" 등과 같은 질문은 피해야 한다. 고객의 답변이 과거의 경험과 상상에 의해 제한되거나 질문에 주어진 항목의 선택을 강요받는 그러한 설문은 피해야 하는 것이다.

한편 시설물이나 공원 그리고 놀이터의 실제적인 이용의 지침을 제시하는 사실적인 설문조사는 그 가치가 매우 높다고 하겠다. 적어도 이러한 설문을 통한 결과는 기존의 시설물이 어떻게 이용되고 있으며, 다양한 연령층의 사람들이 여러 가지 위락 활동과 경험을 얻기 위해서 어떠한 방법으로 이용하는가를 우리에게 알려준다.

설문지의 경우 기존의 연구자들이 비슷한 대상지에서 연구를 수행한 것을 잘 이용하여 지금 상황에 맞게 바꾸어 쓰는 것도 아주 좋은 방법일 것이다. 그리고 사회과학연구방법론과 같은 책을 참고하면 좋은 설문지 만드는 방법을 쉽게 터득할 수도 있다.

(그림 4-1)은 어린이공원의 이용자를 대상으로 설문지를 통한 분석한 내용을 보여주고 있다.

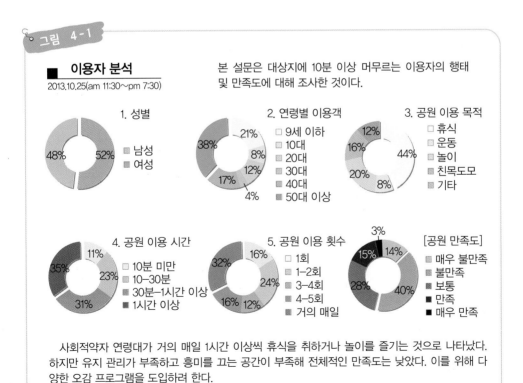

대상지주변의 인구특성 및 대상지 공원 이용자들의 특성 예
공원녹지디자인스튜디오(1) 학생 작품 (Green Zone - 고혜경, 김지나, 이윤구)

(2) 이용자행태와 환경의 상호작용 분석(User's Behaviour)

사회적인 요소와 디자인의 관련성에 관한 연구와 조사는 행태와 지각에 숙련된 과학적인 분석 작업을 필요로 한다. 이것은 디자인과 계획의 결정과정에 사회학과 환경심리학의 기본적인 원칙들을 관련시킴으로써 새로운 지식의 틀을 개발하는 것이다. 이러한 관계를 설명하기 위한 시도방법으로 단지계획과 환경적인 문제의 다양성과 관련된 최소한의 지표와 요구사항 및 공통적인 기초사항과 관련된 일반적인 성질의 설문방법을 쓸 수 있다.

인간행태와 자연환경 사이의 상호작용은 양방향적인 과정이 있는데 그 첫 번째는 개인에게 있어서 환경은 제한적인 영향을 끼치며 인간의 반응은 부과된 상황에 적응한다는 것이다. 둘째로 인간은 육체적이고 정신적인 삶을 보다 안락하게 만들기 위한 시도로 물리적인 환경의 계속 조절하고 선택하고 있다는 것이다. 인간의 행태는 개인을 둘러싼 환경이라는 변수와 인간의 두 부분, 즉 생리학적인 것과 심리학적인 변수들의 복잡한 상호작용의 결과다. 그래서 디자인의 경우도 이 세 가지 범주와 관련이 있다. 특히 인간의 심리적인 욕구와 환경의 지각은 연령, 사회적인 계급, 문화적인 배경, 과거의 경험, 동기, 그리고 개인의 일상생활을 포함하는 다양한 변수들에 따라 달라진다. 이러한 요소들은 개인과 단체의 욕구구조에 따라 영향을 받으며 또한 구별된다. 이런 점에서 어린이들의 욕구는 어른들과 명백하게 다르며, 만일 욕구가 동일하다 할지라도 나타나는 행태는 다르다. 항상 모든 욕구를 동시에 갖는 경우란 없다. 때때로 어떤 욕구는 다른 것보다 강하며 우리의 욕구구조는 특수한 상황에 따라 변한다.

그 예로 조경디자이너는 매슬로우(A. Maslow)가 주장한 인간욕구의 5단계를 잘 이해하고 이용자들의 욕구를 만족시켜주는 공간을 제공해야 한다. 매슬로우의 5단계 욕구설(Maslow's hierarchy of needs, 그림 4-2)은 인간의 욕구가 그 중요도별로 단계 일련을 형성한다는 동기 이론의 일종이다. 먼저 생리 욕구는 허기를 면하고 생명을 유지하려는 욕구로서 가장 기본인 의복, 음식, 가택을 향한 욕구에서 성욕까지를 포함한다. 다음은 안전 욕구다. 생리 욕구가 충족되고서 나타나는 욕구로서 위험, 위협, 박탈(剝奪)에서 자신을 보호하고 불안을 회피하려는 욕구이다. 세 번째로 애정·소속 욕구는 가족, 친구, 친척 등과 친교를 맺고 원하는 집단에 귀속되고 싶어 하는 욕구이다. 그리고 존경 욕구는 사람들과 친하게 지내고 싶은 인간의 기초가 되는 욕구이다. 마지막이자 최고 높은 단계의 욕구로서 자아

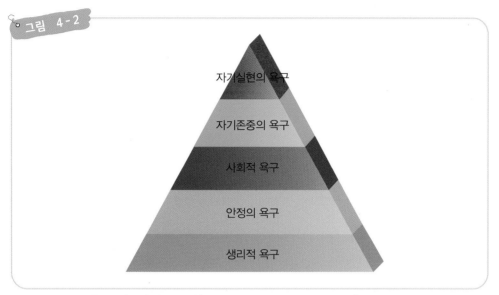

그림 4-2

매슬로의 5단계 욕구설(Maslow's hierarchy of needs)의 피라미드

실현 욕구가 있다. 자기를 계속 발전하게 하고자 자신의 잠재력을 최대한 발휘하려는 욕구이다. 다른 욕구와 달리 욕구가 충족될수록 더욱 증대되는 경향을 보여 '성장 욕구'라고 하기도 한다. 알고 이해하려는 인지 욕구나 심미 욕구 등이 여기에 포함된다. 하나의 욕구가 충족되면 위계상 다음 단계에 있는 다른 욕구가 나타나서 그 충족을 요구하는 식으로 체계를 이룬다. 가장 먼저 요구되는 욕구는 다음 단계에서 달성하려는 욕구보다 강하고 그 욕구가 만족되었을 때만 다음 단계의 욕구로 전이된다. 디자이너는 클라이언트의 이러한 욕구를 잘 읽어서 설계 안에 반영해야 한다.

④ Place: 대상지의 물리적·생태적 그리고 역사적 특성

대상지의 물리적·생태적 그리고 역사적 특성을 분석함에 있어서 자료의 조사를 통해 얻은 정보는 상세하여야 하고 제안된 계획내용과 관련되어야 한다. 자료의 조사 범위는 지질·토양·지형과 경사 배수로·식생·야생동물·미기후·기존 토지이용·법적규제· 그리고 대상지의 특성 등과 같은 일반적인 조사사항이다.

(1) 지질(Geology)

심토층의 지질 형태는 눈에 보이는 토지형태, 즉 지형과 밀접한 관계가 있다. 건물의 기초가 된다는 점에서, 지표에서 가까운 지질의 지내력은 한 대지의 장소 내에서도 차이가 있고 대지와 대지 사이에서도 상당한 차이가 있다.

지질형태의 안전성은 매우 중요하며 지질학적인 등급은 토지의 안전성을 평가하는 데 있어서 중요하다. 심한 경사, 암석의 유무, 지형의 경사와 다른 지층과의 관계가 지반의 슬라이딩이나 혹은 함몰이 되기 쉬운 지역이 될지도 모른다. 이러한 지역은 건설에 적합하지 않다.

(2) 토양(Soil)

토양의 형태는 식물의 성장여부를 결정한다. 버드나무와 포플러는 축축한 점토질에서 잘 자라며, 철쭉과의 식물은 산성토양에서 잘 자란다. 표토는 식물의 성장에 있어서 가장 중요한 것으로, 유기질을 포함하고 뿌리의 발달 수분과 광물질의 흡수력, 호흡작용에 도움이 되도록 개방된 구조를 가지고 있어야 한다.

(3) 지형(Topography)

대지의 표면인 지형은 대지의 가장 중요한 요소로 평가받고 있다. 건물의 경제적인 배치와 위치는 경사방향에 영향을 받는다. 일반적으로 건축비용은 경사가 급할수록 증가한다. 경사도에 따라 분류된 토지를 나타낸 부지의 지도는 경사도 하나만을 고려한 경우 빠른 시간에 단지의 계획을 수립할 수 있는 좋은 자료이다. 예를 들면 4% 이하의 경사는 아주 평탄한 지형으로 건축물이나 체육시설 그리고 운동장 등과 같은 다목적 용도로 적합하며 자연배수가 된다. 4%와 10% 사이의 경사는 약간의 수정을 통하여 도로와 산책로를 설치할 수 있다. 경제적인 이유로 6% 정도의 경사도는 고밀도주택을 위한 최대의 경사로 선택해야 한다. 10% 이상인 경사는 도로와 산책로로는 부적당하나, 자유롭게 놀 수 있는 놀이공간이나 배식을 위한 장소로는 좋다. 15%의 경사는 차량이 움직일 수 있는 최대의 경사이며, 25%의 경사는 지형의 변경이 시급한 지형을 가진 대지다. 지형은 부지의 자연적인 배수패턴을 결정한다. 부지 내 자연 상태의 습지대는 가능하면 그대로 남겨두는 것이 좋다.

(4) 식생(Vegetation)

대상지의 특성을 조사할 때 기존의 토지에서 자라고 있는 식물과 그들의 성장정도 및 건강상태를 조사하는 것은 필수사항이다. 이것은 특수한 교목이나 관목의 구입여부를 결정짓는 데 중요한 요소가 된다. 기존의 식생은 인근의 개발행위로 인한 토지이용으로부터 보호되어야 하고, 이의 보전은 소음, 대기오염 혹은 불량한 시계로부터의 완충작용을 하는 데 매우 유용하다. 그리고 기존 식생의 침식조절능력은 토지의 표면안정성을 유지하는 데 있어 상당히 요긴하다. 식생조사 또한 토양의 성질과 대기의 미기후 파악의 실마리를 제공한다. 넓은 대지 속에서의 식생변화는 경사지의 방향에 영향을 받는다. 즉 이것은 그 지역의 습도, 온도, 태양 복사열과 바람 등의 영향이라고 할 수 있다. 대상지 내에서 잘 자라고 있는 기존의 식생들은 대상지를 계획하고 설계할 때 식물선택의 지침을 제공해 준다.

(5) 야생동물(Wildlife)

우리나라에서는 도시 내에서는 잘 발견할 수 없지만 식생과 관련된 사항으로 야생동물의 무리를 들 수 있다. 대상지 내 곤충 및 조류와 포유동물의 광범위한 위치를 파악하고 이들을 잘 보전하기 위해 기존의 식생을 제거시키거나 변화를 주지 말고 지역적인 맥락 속에서 조심스럽게 고려하면 좋다.

(6) 기후(Climate)

각 대상지는 지역에 따라 일반적인 기후의 특성을 가지고 있다. 이러한 기후요소는 대상지의 계획과 디자인에 영향을 미친다. 예를 들면 강수량이 지나치게 많을 경우와 높은 기온과 일사량이 길 경우에는 식물로 피복된 보도나 그늘의 필요성을 암시하고, 서리나 눈이 온 상태에서는 도로나 보도의 경사가 최소가 되도록 계획되어야 한다. 대상지 내의 특수한 미기후는 일반적인 기후 변화로 인하여 생긴다. 이는 지형, 식물, 지피식물, 바람에의 노출정도, 수면표고와 넓은 수면과 대상지와의 관계에서 발생하는 것이다. 미기후의 경우 1년 정도 측정해야 정확한 데이터를 얻을 수 있다고 한다. 시간이 여의치 않을 경우 식물(바람)이나 경사의 노출 정도와 방향(복사량과 일조량) 같은 관찰을 통하여 미기후 관련 데이터를 얻어 내기도 한다. 산업공해, 비산먼지농도 그리고 음향 등은 관련 환경관련 사이트에서 정보를 얻을 수 있다.

(7) 대상지의 특성(Existing Features)

대상지는 기존의 특질 혹은 건물을 가지고 있으며 혹은 이미 사용 중에 있다. 건물·도로·하수체계·하수관거와 지하전선·공공도로 등은 대상지로의 접근성과 과거와 현재의 이용에 영향을 주고 미래를 위한 계획의 일부로서 대상지 내의 무생물 모두가 필요한 자료가 된다.

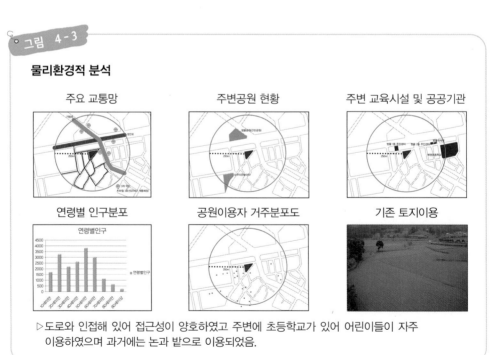

그림 4-3

물리환경적 분석

주요 교통망 · 주변공원 현황 · 주변 교육시설 및 공공기관

연령별 인구분포 · 공원이용자 거주분포도 · 기존 토지이용

▷도로와 인접해 있어 접근성이 양호하였고 주변에 초등학교가 있어 어린이들이 자주 이용하였으며 과거에는 논과 밭으로 이용되었음.

Place 물리적 특성의 예
공원녹지디자인스튜디오(1) 학생 작품 (Green Safeguard - 박하경, 정은아, 조희준, 한샛별)

(8) 시각적인 질(Visual Quality)

　　마지막으로 대상지 분석과정 중 매력적인 시계나 전망과 차폐시켜야 할 주위지역들을 기록하는 시각적인 분석을 들 수 있다. 토양의 색채와 기존 식생, 음지와 양지의 전형적인 패턴, 하늘과 구름, 햇볕의 강도와 경관의 공간적인 특성들은 기록해둘 가치가 있는 시각적인 요소들이다. 따라서 가장 성공적인 디자인이란 이러한 시각적인 질에 민감한 것이라고 할 수 있다.

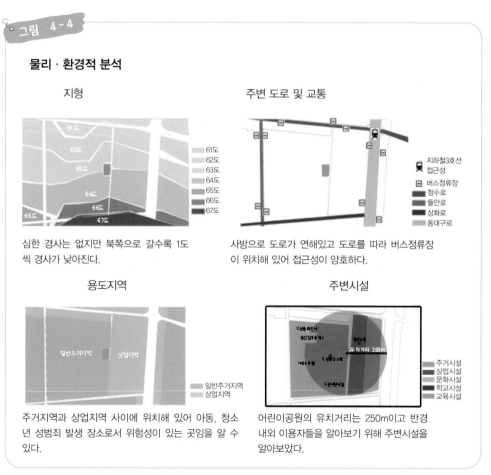

그림 4-4

물리 · 환경적 분석

지형

61도
62도
63도
64도
65도
66도
67도

심한 경사는 없지만 북쪽으로 갈수록 1도씩 경사가 낮아진다.

주변 도로 및 교통

지하철3호선 접근성
버스정류장
청수로
들안로
상화로
동대구로

사방으로 도로가 연해있고 도로를 따라 버스정류장이 위치해 있어 접근성이 양호하다.

용도지역

일반주거지역
상업지역

일반주거지역
상업지역

주거지역과 상업지역 사이에 위치해 있어 아동, 청소년 성범죄 발생 장소로서 위험성이 있는 곳임을 알 수 있다.

주변시설

유치 거리 250m

주거시설
상업시설
문화시설
학교시설
교육시설

어린이공원의 유치거리는 250m이고 반경 내외 이용자들을 알아보기 위해 주변시설을 알아보았다.

Place 물리적 특성의 예
공원녹지디자인스튜디오(1) 학생 작품 (도담도담 – 김미진, 김민성, 김지은, 하지현)

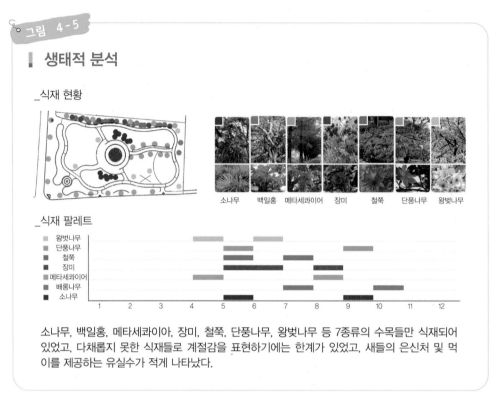

그림 4-5

생태적 분석

_식재 현황

_식재 팔레트

소나무, 백일홍, 메타세콰이아, 장미, 철쭉, 단풍나무, 왕벚나무 등 7종류의 수목들만 식재되어 있었고, 다채롭지 못한 식재들로 계절감을 표현하기에는 한계가 있었고, 새들의 은신처 및 먹이를 제공하는 유실수가 적게 나타났다.

Place 생태적 특성의 예
공원녹지디자인스튜디오(1) 학생 작품 (An Eye-Catching - 원민희, 최정수, 홍유진)

5 Time: 시대적 특성

Time은 그 시대의 사회적 이슈나 디자인 트렌드와 관련된 세부사항들로 지금 사회가 주목하고 있는 어떤 보이지 않는 특성으로 비가시적인 요소라고 말할 수 있다. 이러한 요소는 도시와 도시, 지방과 지방마다 다른 건축법규와 개발규칙도 포함된다고 할 수 있다. 그리고 그 대지 자체만으로도 지역적인 중요성을 가질 경우도 있다. 예를 들면 대구의 두류정수지 이전 부지의 개발을 그 예로 들 수 있겠다. 단지계획 시 제안된 내용에 의하여 영향을 주는 주민들의 관심사항과 생활태도 또한 고려해야 할 사항이다. 주민은 기존의 주민들이거나 새로운 계획 때문에 새롭게 이주해 올 주민일 수도 있다. 각 경우에 경제학

그림 4-6

생태적 분석

조경의 특징인 자연미를 도입하기 위해서는 조경디자인의 기본요소인 7E에 대한 이해가 선행조건이다.
7E란 조경디자인의 7가지 주요 디자인 요소(Design Elements), 즉 자연과의 관계를 축소하는 매개로 예컨대 지형, 식물재료, 바닥포장재료, 물, 시설물, 돌 그리고 건축요소(혹은 철) 등을 말한다. 7E를 분석한 결과 물, 돌, 건축요소는 찾아볼 수 없었다. 다채롭지 못한 식재는 다양한 형태와 느낌을 제공하지 못하였으며 무분별한 식재로 인해 영역간의 경계를 짓거나, 개인적 공간을 마련하는 공간분할의 기능의 역할에서 부족한 부분이 다소 보였다.

_시설물   _바닥포장   _지형

운동시설   벤치   파고라   식수대   가로등   판석   벽돌   평탄형   구릉

_분포현황

■파고라 ■운동기구 ■벤치 ■가로등 ■식수대   ■벽돌포장 ■판석   ■평탄형 ■구릉

Place 생태적 특성의 예
공원녹지디자인스튜디오(1) 학생 작품 (An Eye-Catching - 원민희, 최정수, 홍유진)

자에 의해 개발된 프로그램의 목표가 일반인들의 욕구와 희망사항과 일치하지 않을 경우도 있다. 단지 내의 어린이공원의 계획을 예로 들면 최근 도시공원에서 발생하는 범죄를 예방하기 위하여 사회적 약자인 어린이와 여성 그리고 노약자를 보호하겠다는 것이 주요 주제인 범죄예방설계 즉, CPTED는 Time의 좋은 예이다. 이처럼 Time은 그 지역과 사회를 아우르는 비가시적인 특성을 말한다.

이러한 철저하고 과학적인 PPT분석을 통한 데이터와 팩트야말로 디자인의 전략과 컨셉을 정하는 큰 밑거름이 될 것이며 비로소 조경디자인이 객관화·과학화·논리화된다.

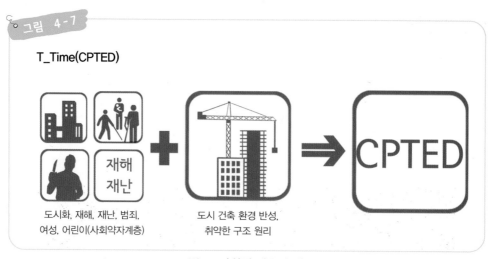

그림 4-7

T_Time(CPTED)

도시화, 재해, 재난, 범죄,   도시 건축 환경 반성,
여성, 어린이(사회약자계층)   취약한 구조 원리

Time 사회적 이슈의 예
공원녹지디자인스튜디오(1) 학생 작품 (Share Box - 강다운, 김민지, 김상동, 박민주)

CHAPTER

5

조경디자인 요소: 4E

자연은 조경의 매우 중요한 주제이며 자연미를 얻기 위해 물, 돌, 식물 등을 사용하는 것이 다른 건설업과 구분되는 특징이다. 자연의 재료를 사용하고 그것을 아름답게 표현하여 인간과 자연이 만족하는 조경공간에 자연미를 창조하는 것이 조경의 큰 목적이다.

조경공간을 구체화하기 위한 매개 혹은 인터페이스에는 어떤 요소들이 있을까? 그것은 부스 교수(1983)[1]의 제안처럼 지형, 식물재료, 건축물, 포장면, 시설물, 물 등 6가지 요소일 수도 있고, 진양교(2013)[2]가 제시한 조경공간의 중요 공간요소인 지형, 물 그리고 수목일 수도 있다. 이 요소들은 고유의 특성과 역할을 가지고 있으며 디자인을 통하여 공간을 창조하고 그 공간에 생명을 부여한다. 조경가가 풍경화가와 같다면 이러한 디자인 요소들을 매개로 마치 화가가 물감으로 캔버스에 풍경화를 그리듯 공간을 만들고 그 공간에서의 분위기를 연출한다. 저자는 조경의 주목적인 자연미의 획득을 위하여 대상과 관계의 축소를 제시한 나카무라 교수의 의견에 동의하며[3] 특히 조경디자인을 위한 관계의 축소에 주목하였다. 나카무라 교수의 주장처럼 조경가가 자연미를 얻기 위한 관계의 축소에는 매개가 필요하다. 저자는 그 매개가 바로 조경디자인 요소 특히 지형, 식물재료, 물 그리고 돌과 같은 4요소라고 생각한다. 저자는 이 4가지 조경디자인 요소(Landscape Design Elements)를 4E라고 부르기로 했다. 따라서 포장면과 녹지면으로 이루어진 조경공간을 조경가들은 조경디자인 요소, 즉 4E를 이용하여 자연미를 가진 외부공간으로 창조하는 과정이 조경디자인일 것이다(그림 5-1).

다음은 4E에 대한 설명이다.

1 지형

부스 교수(N. K. Booth, 1983)[4]에 따르면 땅의 특징인 지형(그림 5-2)은 경관의 바닥면을 말하며, 환경 내의 서로 다른 여러 모든 요소들을 지지해주고 하나로 엮어주는 역할을 하며, 공간의 특성을 나타내주고 공간을 한정시키는 역할도 한다. 아울러 외부환경의 틀, 토지이용, 조망, 배수, 미기후 등과 같은 다양한 인자들에게도 영향을 미친다. 그리고 지

1 Booth, N.(1983), Basic Elements of Landscape Architectural Design, Elsevier Science Publishing, N.Y.
2 진양교(2013), 건축의 바깥, 도서출판 조경.
3 김수봉(2012), 그린디자인의 이해, 계명대학교 출판부.
4 Booth, N.(1983), Basic Elements of Landscape Architectural Design, Elsevier Science Publishing, N.Y.

그림 5-1

조경공간은 포장면과 녹지면으로 구성되어 있다.

그림 5-2

지형 (landform)

형은 여러 가지 수단으로써 지면에 고형체(solid)와 공동(void)을 만들어 낼 수 있는 조형성을 가지기도 한다.

즉, 지형은 땅의 상태를 말하며 지역적 스케일은 계곡, 산맥, 구릉, 초원, 평야 등을 포함하고, 그보다 작은 지형의 경우에는 제방, 경사지, 평탄지, 계단이나 램프를 통과하는 고저의 변화 등이 포함되며 더 미세한 지형에는 보행로 주변의 작은 돌과 암석의 질감 변화, 혹은 모래언덕의 미묘한 굴곡 따위가 포함된다. 어느 경우이든 지형은 옥외환경의 지표면 요소를 나타낸다.

지형은 다른 요소들과 직접적인 연관을 갖고 있으며 특히 그 지역의 미적 특성, 공간의 한정과 지각, 조망, 배수, 미기후, 토지이용, 특정대상지에 대한 기능의 체계화 등에 영향을 준다. 그리고 지형은 또한 식물재료, 포장, 물, 건물과 같은 물리적 경관요소의 기능이나 우수함에 영향을 미친다. 지형은 여러 디자인요소와 기능의 배치를 위한 환경 또는 무대 즉 모든 옥외공간과 토지이용에 대한 기반이 된다. 건축이란 말이 "건물을 짓는 과학 혹은 예술"이라고 정의된다면 조경은 토지 위에 혹은 토지로써 무엇인가를 짓고자 하는 예술 또는 과학이기 때문에 지형요소는 중요한 조경디자인요소다. 르네상스 시대에 이탈리아인들은 경사지에 노단식 정원을, 프랑스사람들은 평탄지에 평면기하학식 정원을 그리고 영국국민들은 영국이라는 나라의 부드럽고 기복이 있는 지형을 잘 이용하여 풍경식 정원을 탄생시켰다.

지형의 조작으로 만들어진 지형

한편 진양교(2013)는 조경공간의 바닥면 나누기가 조경설계의 시작이라면 지형의 조작은 바닥면에 숨결을 불어 넣은 일이라고 했다. 따라서 지형을 조작 작업들, 예컨대 바닥면의 올리기(lifting), 내리기(dropping), 언덕이나 동산두기(mounding), 기울이기(sloping), 접기(floding), 펴기(unfolding), 튀어나오게 하기(jumping), 들어가게 하기(denting), 파동두기(undulating)와 같은 작업은 조경공간이 자연미를 얻기 위한 매우 중요한 수단일 것이다. 이 작업으로 만들어지는 수평적 지형, 오목(凸)형 지형, 능선, 볼록(凹)형 지형 그리고 계곡 등은 바로 자연미를 만드는 기초 작업일 것이다.

② 식물재료

식물재료(그림 5-4)는 경관 내에 생명력을 부여하는 매우 중요한 조경디자인 요소이다. 이들은 시간이 경과함에 따라 성장하고 변화하는 살아있는 요소로서 조경의 목적인 자연미를 가장 잘 나타내주는 매개이다. 부드러우면서 때로는 불규칙한 모양과 생동감이 있는 푸르른 모습은 외부환경에 쾌적한 느낌이 나게 한다. 아울러 식물재료는 3차원적인 둘러싸임에 의한 공간을 한정시키고 아울러 미기후조절, 대기정화, 그리고 토양을 안정화 시키는 역할을 하며, 이들의 크기, 형태, 색깔, 질감 등에 의해 중요한 시각적 요소로도 작용한다.

식물재료는 다른 조경디자인요소와 구별되는 많은 특성이 있는데 그 중에서 가장 중요한 특성은 바로 살아있는 생명체라는 점이다. 이것은 다른 분야에서는 찾아볼 수 없는 조경의 고유특성으로 식물재료는 동적이다. 즉 색채, 질감, 시각적 투과성, 기타 여러 특성이 계절이나 생장에 따라 계속 변화하는 특성이 있다. 우리나라의 경우 낙엽교목은 봄에는 개화와 함께 연록색의 잎과 형형색색의 꽃이 피고, 여름에는 짙는 녹음을 주는 짙은 녹색의 잎, 가을에는 현란한 색채의 단풍, 마지막으로 겨울에는 나뭇가지의 모습을 관찰할 수 있는 나목 등과 같은 시각적인 특성을 가지고 있다. 그리고 식물재료는 관리비가 적게 드는 수종을 선택하고 이를 위해서는 향토수종을 선정하는 것이 좋다. 그리고 도시 환경 내에서 이러한 식물재료는 도시의 삭막함에 시각적인 신선함과 부드러움을 제공한다.

그림 5-4

식물재료의 예

그림 5-5

조경공간의 대부분을 차지하는 식물재료

③ 물

　조경디자인 요소 중 물(그림 5-6)은 경관에 강한 흥미를 부여하는 아주 특별한 요소로서 마치 식물재료처럼 생명력과 활기를 주는 생동감이 있는 디자인매개이다. 물은 변화와 유동성이 높은 액체로 이루어져 있으므로 이용자들에게 시각 혹은 청각적으로 고요함을 주는 정적인 매개체로 사용되고 또한, 사람을 재미있게 하는 자극적인 효과를 위한 동적인 요소로도 사용된다. 그러나 어떻게 표현되든지 물은 사람들의 관심을 쉽게 끌 수 있는 특별한 요소임에는 분명하다.

　물은 모든 디자인요소에서 가장 매혹적이고 가장 흥미를 유발시키는 요소 중의 하나이다. 인간은 물을 만지거나 느끼고자 하는 깊은 욕구, 또는 유희나 레크레이션을 위해서 물에 푹 빠져들고 싶은 욕구를 지니고 있다. 한편 조경디자인에 있어서 자연을 표현하는 요소의 하나인 물은 조형성(Plasticity), 움직임(Motion), 음향(sound) 그리고 반영(Reflectivity) 등과 같은 특성이 있다. 조형성이라 함은 물의 성격을 살리기 위한 물을 담는 용기를 설계하는 것이다. 물은 정적이거나 동적인 물 두 가지 모습의 움직임을 보여 준다. 물은 움직이거

그림 5-6

물 요소의 예

그림 5-7

물 요소의 예

그림 5-8

물 요소의 예

그림 5-9

물 요소의 예

나 물체의 면에 부딪칠 때 소리를 낸다. 그리고 물의 또 다른 특성은 주위 환경을 사실 그
대로든 꾸미든 투영할 수 있다. 물은 조용하고 정적인 상태에서 지형, 식생, 건물, 하늘,
사람 등과 같은 주위 환경의 모습을 재현하는 거울과 같은 역할을 한다.

4 돌

우리나라의 조경디자인에서 자연을 가까이 하기 위해 특별히 중요하게 여겼던 조경
디자인요소는 '돌(쌓기)'이였다(그림 5-10). 돌은 자연적으로 존재하는 소재 중 가장 견고
하고 내구성(耐久的)이 강하며, 그 무게나 압축강도가 흙이나 나무 등 다른 천연재료에서 볼
수 없는 성질을 가지고 있다. 이러한 특성으로 인하여 돌(쌓기)은 다른 자연적 조경디자인

요소인 나무나 물에 어떤 형태와 운동과 공간을 부여한다. 그리고 자라는 나무와 흐르는 물이 사람의 피부나 살과 같은 것이라면 돌(쌓기)은 마치 뼈에 해당하는 것이다. "돌의 골격에 의해서 비로소 자연은 축소될 수 있고, 좁은 공간 속으로 그 전체의 구조를 집어넣을 수가 있다."[5] 우리식 돌쌓기는 바른층 쌓기라고 하여 돌의 면 높이를 같게 하여 가로줄눈이 일직선이 되도록 쌓는 방법을 말하고 일본정원에서 주로 사용하는 돌쌓기는 계단식의 들여쌓기라고 한다. 한편 안압지의 돌쌓기 방식은 우리의 바른층 쌓기로 되어 있다. 안압지에는 이전 시대의 유적에서는 보지 못했던 정교한 축대가 처음으로 나타난다. 성곽을 쌓은 듯한 높이 6m의 축대는 지면과 완전한 수직을 이루고 있다. 직선 호안만이 아니라 곡선 호안도 네모난 모양으로 가공된 돌을 사용해서 마치 벽돌을 쌓아올린 것처럼 줄을 맞춰 정연하게 축조했다. 이러한 돌쌓기 양식은 천년이라는 세월이 흐른 뒤에도 흐트러짐 없이 그 견고한 모습을 유지하고 있다. 단양의 온달산성에는 돌을 수직으로 정연하게 쌓아올린 돌쌓기 방식이 적용되었는데, 안압지의 석축 방식도 이와 동일하다. 성벽의 돌출된 모습까지도 같다.

그림 5-10

바른층 돌쌓기

---

5 이어령(2003), 139~140쪽

그림 5 - 11

안압지의 바른층 쌓기

그림 5 - 12

안압지의 바른층 쌓기

CHAPTER

6

어린이공원의 식재

1 수목[1]

국토교통부의 조경기준에 따르면 조경이라 함은 생태적·기능적·심미적으로 조경시설을 배치하고 수목을 식재하는 것을 말한다. 또 식재라 함은 조경면적에 수목이나 잔디, 초화류 등의 식물을 배치하여 심는 것이라고 되어 있다. 이처럼 식재는 조경에 있어서 매우 중요한 역할을 담당하고 있다.

김혜주(2012) 박사에 따르면 조경식재의 궁극적인 목적은 인간의 오감 중 시각, 청각, 미각 그리고 후각을 증대시키기 위함이며 이를 위하여 기능성(시선차단, 침식방지, 방풍 등), 생태적(미기후 조절, 생물서식처제공, 생물의 먹이원 등) 그리고 건축의 공간구성요소로서의 목적을 가지고 있다고 하였다.

김 박사는 이러한 식재를 위하여 조경디자이너가 가장 먼저 알아야 하는 사항은 식재할 식물종의 생활형, 식물외적 형태와 생육특성에 대한 지식이라고 했다. 즉 조경디자이너는 식재할 식물을 실제로 접한 경험이 있어야만 자신 있게 자신의 수목팔레트에서 디자인에 쓸 수목을 선정할 수 있다고 했다. 그리고 만약 식재디자이너가 책장을 뒤지면서 식물을 선정한 경우에는 시공 후 예상하지 못한 경관을 경험하게 될 것이라고 주장했다. 따라서 대상지에 이용할 식물은 반드시 식재디자이너가 직접 눈으로 사계절을 통하여 생육상태를 관찰하는 것이 원칙이다. 그래서 식재디자이너는 식재계획에 이용할 수종을 자신만의 식재목록으로 작성해 두어야 한다. 개인적으로 매일 나만의 수목일기를 쓸 것을 제안한다. 조경디자이너에게 식물이란 화가의 물감이다. 조경용 식물을 직접 생산하지는 않더라도 그 쓰임에 대해서는 잘 알고 있어야 한다.

(1) 식물의 분류[2]

식물은 오랜 진화 과정 속에서 여러 환경 조건과 관련을 맺으면서 그것을 반영한 상태나 생활양식을 만들어 왔다. 예를 들면, 다육 식물인 알로에(백합과)와 선인장(선인장과)은 계통적으로는 전혀 다른 종류이나, 조건이 비슷한 환경에 적응함으로써 형태적으로나 생활양식 면에서 아주 비슷하게 된 것들이 있다. 이러한 특징에 따라 생물을 나눈 것을 '생활

---

1 김혜주(2012), 경관 및 기능성 식재의 실제, 도서출판 조경, 11–18쪽을 참조하였다.
2 글로벌 세계 대백과사전

형'이라고 한다. 생활형은 여러 가지 환경과 요소에 의해 비슷해진 생물의 생활양식을 지칭한다. 긴 세월 동안 자신을 둘러싼 환경과 상호작용을 하여 그에 적응하고 발달하면서 고유한 특성을 나타내게 된다. 독일의 훔볼트는 생활형을 최초로 정의하고 식물을 그 영양기관의 상태에 따라 야자나무형/바나나형/선인장형으로 분류하였다. 따라서 생활형을 알아보면 생물의 생활양식을 알 수 있을 뿐만 아니라 환경의 특징도 알 수 있다. 특히 식물은 동물처럼 이동하지 않으므로, 각 생활형의 특성이 뚜렷이 나타나 많은 학자들이 이에 대해 자세히 연구하였다. 최근 널리 사용되고 있는 생활형 구분은 1907년 덴마크의 라운키에르(Raunkiaer)[3]가 세운 식물의 눈의 높이에 따른 체계이다(그림 6-1과 표 6-1). 그는 기후에 대한 식물의 반응에 기초를 두어 가장 조건이 좋지 못한 때(추울 때와 건조할 때)에 견딜 수 있는 눈의 위치(지표면으로부터의 높이)를 기준으로 하여 식물의 생활형을 분류하였다. 즉, 겨울눈의 위치에 따라 지상·지표·반지중·지중·수생·1년생 식물 등으로 분류하였다. 또한, 그는 세계 각지에서 고등 식물 수백 종을 무작위로 골라 그가 발표한 각 생활형이 지역에 따라 어느 정도의 비율로 분포되어 있는가를 나타낸 생활형 표준 표를 작성하였다. 지상 식물은 주로 고온 다습한 열대 지방에 많으며, 위도가 높아질수록 지상 식물은 줄게

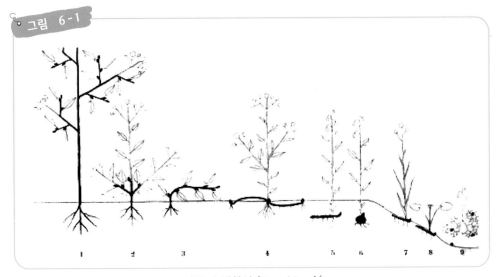

그림 6-1

식물의 생활형 (Raunkiaer)[4]

3 Raunkiær, C. (1937), Plant Life Forms, Oxford University Press, Oxford.
4 http://en.wikipedia.org/wiki/File:Raunkiaer1907-life_forms-small.jpg

표 6-1

Raunkiaer에 의한 식물의 생활형 구분	
1: 교목	월동하는 기관이 지상부에서 2m 이상 떨어진 곳에 위치한다.
2,3: 관목	월동하는 기관이 지상부와 가까운 곳(주로 2m 이내)에 위치한다.
4: 다년생 초본식물	식물의 지상부는 월동하지 못하여 죽고, 월동하는 기관은 식물의 지하부(뿌리)에 위치한다.
5,6: 구근 및 알뿌리식물	식물의 지상부는 월동하지 못하면 죽고, 월동하는 기관은 토양 속이나 또는 물속에 위치한다.
7-9: 정수식물 및 수생식물	월동이나 물이 많은 토양 내에 위치한다.

되고 대신 지표 식물과 반지중 식물이 증가한다. 또, 수직 분포상으로는 고도가 높아지면서 지상 식물이 줄어들고 지표 식물과 반지중 식물이 증가한다. 한편, 사막과 같이 좋지 못한 환경에서는 다른 지역에 비해 1년생 식물이 훨씬 많다. 그러나 라운키에르의 분류표에 의하면, 넓은 범위에 걸친 기후와 생활형의 상호 관계는 뚜렷이 나타나 있는 데 비해, 양적인 관계는 표시되어 있지 않다. 그렇기에 사실상 실제 모습을 모두 나타낸 것은 아니라고 할 수 있다. 더욱이 조사 범위가 좁을수록 그 오차가 점차 커진다. 따라서 라운키에르의 생활형 연구는 넓은 지역의 대략적인 생활 특징은 알아볼 수 있지만 자세한 것은 알 수 없다는 단점이 있다고 한다.

(2) 식물의 수형

식재디자이너가 식재를 위하여 알아두어야 하는 가장 기본적인 사항 중의 하나가 식물의 외형 즉 윤곽, 색깔, 자라는 가지의 특징, 크기, 사계절의 변화 등이다. 그 이유는 이웃한 다른 식물의 수종과의 조화성 또는 부조화성을 따져서 식재를 해야 하기 때문이다. 이것은 조경디자이너가 알아야 할 기초이면서 매우 중요한 지식인데 조경이 바로 시간개념을 담은 디자인이기 때문이다. 즉 준공 후 그 변화를 멈추는 건축과는 달리 조경은 식재디자인을 할 때 사계절에 대한 식물의 변화하는 모습 그리고 그 풍경의 10년, 20년 후의 모습까지 생각해야 하기 때문이다.

수목은 지상부의 잎·가지·줄기 및 지하부 뿌리로 구성되어 있다. 수형은 수종에 따라 특유의 형태를 나타내며, 이는 수목을 구성하는 수관(樹冠, crown)과 수간(樹幹, trunk, stem)의 형태에 의하여 형성된다.

수관은 나무의 초두부(初頭部)로서 잎과 가지, 그리고 꽃과 열매 등에 의하여 구성된 집합체의 모양을 말한다. 수간은 수목을 지지하는 줄기로서 기둥역할을 한다. 줄기에서 분지한 가지의 형태는 수형을 결정하는 가장 중요한 요소가 되며, 이는 간축(幹軸)과 가지가 이루는 지서각(枝序角)으로 이루어진다. 한편 잎은 수목의 외관을 구성하는 것으로 중요하며, 수형과 직접적인 관계를 갖지는 않지만 잎의 배열과 형태가 수형에 관상과 특징을 결정짓는 데 영향을 준다.

김주혜 박사에 따르면 수목의 아웃라인이나 실루엣, 즉 가장자리 모양을 흔히 그 나무의 수형이라고 한다. 수형은 성장한 수목을 기준으로 한다. 그러나 서식환경에 따라서 같은 수종이라도 수형이 크게 다르기 때문에 객관적으로 분류하기는 매우 어렵다. 따라서 분류자에 따라서 수형을 다소 다르게 분류할 수 있지만, 김용식 교수 등은[5] 교목의 경우 원형, 타원형, 역삼각형, 원정형, 원추형, 우산형, 부정형, 원정형, 그리고 늘어지는 형으로 구분하였다 그리고 관목은 늘어지는 형, 불규칙형, 포복형/난장이형, 수직/부채꼴형, 원형, 타원형, 원정형, 덩굴형으로 나누었다. 마지막으로 초본류의 경우에는 로켓트형, 수평형, 수직형, 방향과 무관한 유형, 덩굴성 유형 그리고 포복형 등으로 분류하였다.

1) 소교목 및 교목류

교목 및 소교목은 월동하는 기관이 지상부에서 2m 이상 떨어진 곳에 위치하며, 수형은 (표 6-2)와 같이 원형, 타원형, 원정형이 가장 많다. 교목은 높이가 8m를 넘는 나무를 말하며, 수간(樹幹)과 가지의 구별이 뚜렷하고 수간은 1개이며, 가지 밑 부분까지의 수간 길이가 길다. 교목과 관목(灌木)은 수종(樹種)의 특성에 의하여 정해지는 것이지만, 입지조건이 좋지 않으면 교목수종도 관목의 상태로 자라는 경우가 있고, 용도에 따라 관목으로 키울 수도 있다고 한다.

2) 관목류

Raunkiaer(1937)의 분류에 따르면 관목류란 월동기관이 지상부와 가까운 곳(2m 이하)에

---

5 김용식, 송근준, 안영희, 오구균, 이경재, 이유미(2000), 조경수목핸드북, 광일문화사.

표 6-2

교목류의 수형	
수형의 종류	**수종**
원형	감탕나무, 빗죽이나무, 음나무, 때죽나무, 석류나무, 복자기, 당단풍, 홍단풍, 단풍나무, 시닥나무, 대팻집나무, 안개나무, 주엽나무, 팥배나무, 꽃사과나무, 아그배나무, 야광나무, 산벚나무, 완벚나무, 자두나무, 매화나무, 백동백나무, 천선과나무, 구지뽕나무, 왕버들, 동백나무, 사철나무, 까마귀쪽나무, 호랑가시나무
타원형	개오동나무, 쇠물푸레나무, 물푸레나무, 쪽동백, 보리수나무, 노각나무, 위성류, 벽오동, 피나무, 중국단풍, 은단풍, 네군도단풍, 향나무, 붉가시나무, 졸가시나무, 가시나무, 참가시나무, 태산목, 녹나무, 후피향나무, 현사시나무, 용버들, 육박나무, 아왜나무, 굴피나무, 가래나무, 거제수나무, 박달나무, 오리나무, 굴참나무, 졸참나무, 목련, 자목련, 일본목련, 백목련, 비목나무, 양버즘나무, 채진목, 마가목, 귀룽나무, 모과나무, 아까시나무
역삼각형 (부채꼴형)	사스레피나무, 자귀나무
원정형	비자나무, 소귀나무, 가문비나무, 구실잣나무, 리기다소나무, 백송, 방크스소나무, 졸가시나무, 붓순나무, 생달나무, 후박나무, 참식나무, 황칠나무, 은백양, 호도나무, 사스레나무, 물오리나무, 사방오리나무, 까치박달, 서어나무, 개서어나무, 소사나무, 너도밤나무, 상수리나무, 떡갈나무, 갈참나무, 신갈나무, 살구, 산돌배, 머귀나무, 황벽나무, 산뽕나무, 산사나무, 멀구슬나무, 예덕나무, 사람주나무, 붉나무, 옻나무, 무환자나무, 모감주나무, 나도밤나무, 합다리나무, 까마귀베개, 망개나무, 염주나무, 이나무, 배롱나무, 산딸나무, 오갈피나무, 말채나무, 곰의말채, 고욤나무, 들메나무, 이팝나무, 오동나무
원추형	주목, 전나무, 구상나무, 독일가문비, 히말리야시다, 잣나무, 섬잣나무, 스트로브잣나무, 금송, 삼나무, 서양측백, 편백, 화백, 실화백, 가이즈까 향나무, 은행나무, 일본잎깔나무, 메타세콰이어, 낙우송, 월계수, 자작나무, 계수나무, 무환자나무
우산형	적송, 곰솔, 담팔수, 느티나무, 팽나무, 푸조나무, 다릅나무, 신나무, 칠엽수, 층층나무
부정형	버드나무, 용버들, 비술나무, 시무나무, 느릅나무, 팽나무, 풍게나무, 야광나무, 회화나무, 옻나무, 대추나무, 감나무, 개오동
원정형	노간주나무, 비파나무, 미루나무, 서양측백
늘어지는 형	능수버들, 수양벚나무, 수양뽕나무

표 6-3

관목류의 수형	
수형의 종류	수종
늘어지는 형	개나리, 자금우, 찔레꽃, 해당화, 붉은인가목, 장구밥나무, 미선나무, 작살나무, 조팝나무, 국수나무, 나무수국, 골담초, 백당
불규칙형	다정큼나무, 개산초, 금식나무, 가침박달, 이스라지, 산초나무, 무늬피라칸다, 피라칸다, 꽃댕강나무, 옥매, 산수국
포복형/난장이형	눈주목, 눈향나무, 당매자, 순비기나무, 수호초, 무늬수호초
수직/부채꼴형	조릿대, 개비자나무, 우묵사스레피나무, 함꽃나무, 생강나무, 말발도리, 고광나무, 쉬땅나무, 개쉬땅나무, 병아리꽃나무, 황매화, 장미, 풀또기, 앵도, 명자꽃, 조록싸리, 화살나무, 개비자, 박쥐나무, 흰말채나무, 상동나무, 황근, 협죽도, 모란, 박태기나무, 삼지닥나무, 실거리나무, 남천, 은사철, 황금사철, 히어리
원형	꽝꽝나무, 참개암나무, 회양목, 목서, 다정큼나무, 백동백, 탱자나무, 회나무, 산철쭉, 정향나무, 옥향, 팔손이, 백량금, 참꽃나무, 정금나무, 개산초, 상산, 차나무, 팔손이, 치자나무, 매자나무, 매발톱나무, 까마귀밥나무, 가침박달, 개느삼, 낙상홍
타원형	굴거리나무, 만병초, 광나무, 윤노리나무, 진달래, 쥐똥나무, 병꽃나무, 덜꿩나무, 분꽃나무, 가막살나무, 괴불나무, 유자나무, 무궁화, 팥꽃나무, 부용
원정형	무화과, 노린재나무, 수수꽃다리, 누리장나무, 풍년화, 고추나무, 말오줌때, 갈매나무, 참꽃나무, 딱총나무
덩굴형	멀꿀, 보리밥나무, 으름, 오미자, 으아리류, 칡, 줄사철, 등나무, 노박덩굴, 머루, 담쟁이덩굴, 다래, 능소화, 계요등, 인동덩굴류, 송악, 마삭줄, 모람

위치하는 목본인데, 높이가 2m 이내이고 주줄기가 분명하지 않으며 밑동이나 땅속 부분에서부터 줄기가 갈라져 나는 나무를 말한다.

식재에서 관목은 교목을 돋보이게 할 경우, 공간에서 임의의 선을 강조하고자 할 때 이용하거나, 공간 조성이나 단독수로서의 기능도 가지고 있기 때문에 매우 다양하게 이용된다. 관목류의 수형은 (표 6-3)과 같다.

3) 숙근 및 1, 2년 초본류

수목이 아닌 초본류의 생장형은 5개 유형으로 나눌 수 있는데, 대개의 초본류의 수형은 수직형이나 불규칙한 수형이 가장 많다. 한편 숙근초(宿根草, rhizocarp)란 겨울 동안 식물체의 지상부가 말라죽고 뿌리만 남아 있다가 봄에 생장을 계속하는 초본식물을 말한다. 다년초는 겨울 동안 지상부도 말라죽지 않고 살아 있다가 봄에 생장을 계속하는 초본식물로서 1~2년초를 제외한 풀들을 말하며, '여러해살이풀'이라고도 한다(표 6-4).

한편, 수목의 수형 말고도 계절의 변화감을 주기 위해서 조경디자이너는 나무 특유의 색채도 알아두어야 한다. 조경공간 내에서의 수목에 의한 색채 요소로서는 계절적 변화를 불러일으키는 꽃과 열매, 새잎, 새잎전개기의 잎 색깔 및 가을철 단풍, 수종의 고유한 특성으로 줄기의 색채 등이 있다. 예를 들면 새잎전개기에 잎 색깔이 담홍색으로 변하는 것에는 단풍나무류를 비롯하여 남천, 단풍철쭉, 홍가시나무 등이 있고, 담갈색을 띠는 수종은 구실잣나무, 북가시나무, 참나무, 녹나무 등이 있다.

그리고 꽃의 관상가치가 높은 조경수목이나 화목류의 경우 개화기의 꽃 색깔은 조경공간에 계절적 변화와 화려한 색채미를 연출하는 데 있어서 매우 중요하다. 식재설계 시 조경공간의 구성과 색채의 배합을 위해서는 적색, 자색, 백색, 황색, 분홍색, 청색 등과 같은 화목류의 꽃 색깔을 잘 고려하여야 한다. 예를 들어 가을철에 백색계통의 꽃과 열매를 보여주는 조경수목은 무궁화, 늦동백나무, 은목서, 차나무, 백정화, 참가시은계목, 작살나무(열매) 등이 있다.[6]

표 6-4

초본류의 수형	
수형의 종류	**수종**
로젯트형, 수평형	민들레, 봄맞이꽃, 옥잠화, 연, 어리연꽃, 마름, 가래 등
수직형	붓꽃류, 창포류, 부들, 흑삼릉, 노루오줌, 까시수영, 무릇, 수크령, 은사초, 청사초 등
방향과 무관한 유형	물질경이, 가래, 앵초류, 제비꽃류, 돌양지꽃, 동의나물, 머위, 백묘국, 우산나물 등
덩굴성 유형	마, 단풍마, 메꽃, 갈퀴나물, 세모래덩굴, 박주가리, 더덕, 빈카마이너 등
포복형	좀가지풀, 돌나물, 바위취, 양지꽃, 이질풀류

---

6 강현경 외(2013), 조경수목학, 향문사.

4) 일반적인 수형분류[7]

일반적인 과학백과사전에서는 수형을 "수목의 뿌리·줄기·가지·잎 등이 종합적으로 나타내는 외형(外形)"으로 정의하고 있다. 수목의 고유형(固有形)은 수종(樹種)에 따라 유전되는 것이 원칙이나 환경인자가 달라짐에 따라 변화하며 환경에 적응한다. 수형을 변화시키는 중요한 인자는 햇빛과 수분을 들 수 있고 눈이나 바람의 영향으로도 수형이 변한다. 수형은 수목의 수령(樹齡), 즉 나무의 나이에 따라 달라지는데, 어린 나무, 크고 있는 나무, 그리고 완전히 성숙한 나무의 수형은 각각 변한다.

일반적으로 수형에는 자연적인 형태와 인위적인 형태가 있다. 자연형은 가지가 사방으로 균일하게 퍼지는 정형(整形)과 불규칙한 부정형(不整形)으로 크게 구별한다. (그림 6-2) 처럼 정형(整形)에는 주상형(柱狀形; 포플러), 원뿔형(전나무·분비나무), 첨탑형(尖塔形; 설송 등의 침엽수), 원개형(圓蓋形; 녹나무·잣밤나무), 난형(卵形; 대부분의 활엽수), 배형(杯形; 느티나무·푸조나무), 방두형(房頭形; 야자나

그림 6-2

수형

| 주상형 | 원뿔형 | 첨탑형 | 원개형 |
| 포플러나무 | 전나무 | 설송나무 | 녹나무 |

| 난형 | 배형 | 방두형 | 부정형 |
| 자작나무 | 느티나무 | 종려나무 | 단풍나무 |

수형의 분류

---

7 http://www.scienceall.com/dictionary/dictionary.sca?todo=scienceTermsView&classid=CS001102&article id=253081&bbsid=619&popissue=flash

무·종려나무) 등이 있다. 그리고 부정형(不整形)에는 보통부정형(普通不整形: 단풍나무·매실나무 등), 지수형(枝垂形: 수양버들류 등), 복생형(伏生形: 눈향나무·섬향나무 등), 덩굴형(담쟁이덩굴·줄사철나무 등) 등이 있다.

5) 식물의 규격[8]

❶ 측정 기준

수목 규격의 측정은 수목의 형상별로 구분하여 측정하며, 규격의 증감 한도는 설계상의 규격에 ±10% 이내로 한다.

– 수고 (H: Height, 단위: m)

나무의 키를 말한다. 지표면(地表面)에서 나무줄기 끝까지의 길이, 즉 지표면에서 수관 정상까지의 수직거리를 말하며, 단위는 미터(m)이다. 수관 꼭대기에서 돌출된 웃자람가지는 제외한다. 관목의 경우 수고보다 수관폭 또는 줄기의 길이가 더 클 때에는 그 크기를 나무 높이로 본다(그림 6-3).

– 수관폭 (W: Width, 단위: m)

수관의 직경을 가리키는 말, 즉 줄기, 가지, 잎에 의해 형성된 수관직경의 최대너비를 수관폭(width/spread)이라고 하며, 단위는 미터(m)이다. 수관 투영면 양단의 직선거리를 측정하는 것이다. 수관이 타원형인 수관은 최소수관폭과 최대수관폭을 합하여 평균을 낸다.

– 흉고직경(B: Breast, 단위: cm)

조경수목의 지표면에서 가슴높이 부위 줄기의 직경(diameter at breast height)을 말하며, 단위는 센티미터(cm)이다. 지면에서 가슴높이는 동양에서는 120cm, 서양에서는 130cm를 말하며 흉고직경을 측정하는 이유는 측정의 용이함 때문이다. 가슴높이 이하에서 곁가지가 없거나 적은 교목류의 규격측정에 많이 이용되고 있다. 쌍간(雙幹)일 경우에는 각간의 흉고직경 합의 70% 당해 수목의 최대 흉고직경 중 최대치를 채택한다.

– 근원직경(R: Root, 단위: cm)

조경수목의 지상부와 지하부의 경계부 직경을 근원직경(root-collar calliper)이라고 하며, 단위는 센티미터(cm)이다. 일반적으로 근원직경은 지표면으로부터 30cm 이내의 줄기 지름을 말한다. 가슴높이 이하에서 여러 줄기가 발달하는 경우에는 교목류라 하더라도 흉고직경의 측정이 곤란할 경우에 교목류와, 소교목, 화목류는 근원직경을 규격표시로 사용한다.

---

8 https://www.housingnews.co.kr/news/articleView.html?idxno=20292와 강현경 외(2013) 앞의 책 참고.

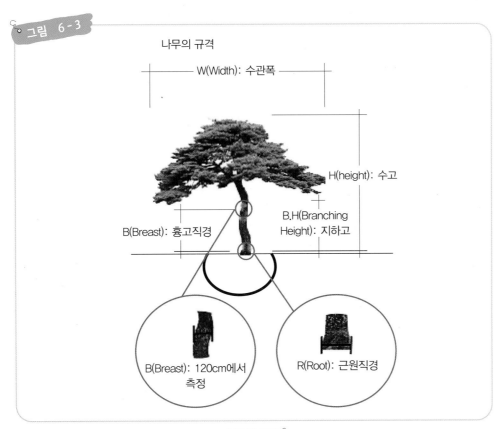

그림 6 - 3

나무의 규격

W(Width): 수관폭

H(height): 수고

B.H(Branching Height): 지하고

B(Breast): 흉고직경

B(Breast): 120cm에서 측정

R(Root): 근원직경

수목의 규격[9]

조경지표면 부위 수간의 직경 측정부위가 원형이 아닌 경우 최대치와 최소치를 합하여 평균한 치수를 사용한다.

－ 지하고(B.H: Branching Height, 단위: cm)

지면으로부터 수관을 구성하는 가지 중 맨 아래쪽 가지까지의 수직높이를 지하고 (Branching Height)라고 하며, 단위는 미터(m)이다. 지하고 규격표시는 통행이나 시선확보의 필요성이 요구되는 녹음수나 가로수 식재 설계 시 필요하다.

－ 줄기의 수(CA: Canes)

총생, 즉 여러 개의 잎이 짤막한 줄기에 무더기로 붙어나는 관목류는 근원부에서 여러 개의 줄기가 발달하며 수관을 구성한다. 이러한 경우 근원직경, 흉고직경은 측정이 불

---

9 강현경 외(2013) 앞의 책 참조 123쪽.

가능하나 수고와 함께 수관형성에 중요한 줄기의 수(canes)를 규격으로 사용한다.

❷ 규격표시 방법

– 교목성 수목

수고와 흉고직경, 근원직경, 수관폭을 병행하여 사용한다.

수고(H: m)×흉고직경(B: cm) : 은행나무, 왕벚나무, 히말라야시다

수고(H: m)×근원직경(R: cm) : 단풍나무, 감나무, 느티나무, 모과나무

수고(H: m)×수관폭(W :m) : 잣나무, 전나무, 오엽송, 독일가문비

수고(H: m)×수관폭(W: m)×근원직경(R: cm) : 소나무, 눈향

– 관목성 수목

수고과 수관폭 또는 수고와 주립수를 사용한다.

수고(H: m)×수관폭(W: m) : 회양목, 수수꽃다리, 철쭉

수고(H: m)×주립수(枝) : 개나리, 쥐똥나무 등

(3) 식물의 서식환경[10]

식물의 서식환경을 식재에서 고려해야만 하는 이유는 식재한 종이 잘 생육하여야 유지관리를 최소화하는 효과를 충분히 얻을 수 있기 때문이다. 따라서 식재계획 수립에 있어서 먼저 식물들의 생육조건과 식재장소의 환경을 고려하는 것은 매우 중요하다. 식재에서 고려해야 하는 식물의 서식환경은 기후, 고도와 위도, 광선, 수분, 토양 그리고 물리적요인 등이다.

1) 기후

기후는 지구상의 생태계에 가장 큰 영향을 주는 요소이다. 기후는 대기 현상이 시간적·공간적으로 일반화된 것을 말한다. 즉 가장 출현 확률이 높은 대기의 종합상태이다. 19세기에는 기후를 대기의 평균상태라 정의하고, 기후요소 관측값의 연, 월 평균값 등의 조합에 의하여 표현하였다. 기온, 습도, 강수, 구름, 바람과 같이 기후를 나타내는 기본

10   김혜주(2012), 경관 및 기능성 식재의 실제, 도서출판 조경, 19–21쪽을 참조하였다.

적인 물리량을 기후 요소라 한다. 한편 이러한 기후 요소의 시공간적 분포에 영향을 주는
인자를 기후 인자라 한다. 지구의 극지방에서는 태양광선이 감소하고 적도지방에서는 증
가한다. 지구의 광선은 다양한 강도의 구름형성에 의하는데, 만약 구름의 양이 늘어나면
우주에 반사하는 빛의 양이 늘어 지구를 냉각시키게 된다. 반대로 구름의 양이 줄면 반사
광이 약해져서 지표면은 많은 태양광선을 받게 되어 지구는 덥혀지게 된다. 후자의 경우
지구온난화와 무관하지 않다. 또한 강우는 기후의 중요한 요소 중의 하나로서 온도와 광
선에 영향을 준다. 기후 요소에 영향을 주는 기단의 분포를 중심으로 하는 발생적 기후
구분은 세 가지 기준을 통해 기단을 구분하고 있다. 첫 번째 기준은 습도로 건조한 대륙
성 기단(c)과 윤습한 해양성 기단(m)으로 구분한다. 두 번째 기준은 기단의 발생 위치에 따

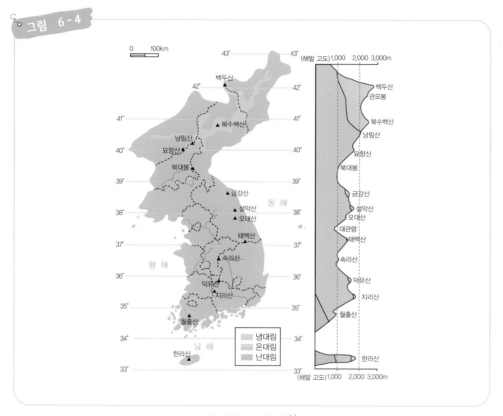

그림 6-4

우리나라 기후대[11]

른 온도로서 열대(T), 극권역(P), 극지(A), 몬순(M), 적도대(E), 그리고 건조 하강 기류와 같은 특이 기단(S)으로 나뉜다. 세 번째 기준은 기단의 상태에 따른 것으로 주변의 온도보다 낮을 경우 k를, 높을 경우 w를 부여한다. 이러한 기단의 구분에 따른 기후는 1950년대부터 일기예보에 도입되었으며 이후 1973년 기후 구분의 한 종류로 자리 잡았다. 국내의 기후는 몬순기후로 여름철에 많은 강우가 몰려 있고, 봄철에는 강우량이 매우 적어서 강우의 분포가 고르지 못한 편이며, 생태 구역(zone)으로는 (그림 6-4)에서 보이는 것처럼 한국은 국내 최남단(상록성 아열대)을 제외하면 "습한 온대기후"에 속한다. 보편적으로 같은 기후권 내에서 식생대에 영향을 주는 요소는 국소적 지형과 토양조건이다.

2) 고도와 위도

고도가 100m씩 높아질수록 식생기가 1주일씩 짧아지며, 지형의 방향에 따라서도, 예를 들면 남향과 북향의 식물성장에서 서로 차이가 난다.

고도(高度, height, altitude, elevation)는 평균 해수면 따위를 0으로 하여 측정한 대상 물체의 높이이다. 위도의 경우 국내에서 북위 35°이남(연평균 14℃ 이상)을 난대구간, 위도 35~43° 구간 중에서 고산지대를 제외한 곳(연평균 5~16℃)을 온대구간으로 구분하고 있다. 온대구간은 온대북부, 온대중부, 온대남부로 세분화한다.

위도(씨줄. 緯度)는 지구상에서 적도를 기준으로 북쪽 또는 남쪽으로 얼마나 떨어져 있는지 나타내는 위치이며, 흔히 그리스 문자 φ로 쓴다. 위도의 단위는 도(°)이며, 북극점을 나타내는 90° N(북위 90도)부터 남극점을 나타내는 90° S(남위 90도)까지의 범위 안에 있다.

3) 광선

식물의 특성 중의 하나는 빛에 대한 선호도이다. 빛도 식물의 생장에 여러 가지로 영향을 미친다. 식물에 따라 적당한 빛의 강도는 각각 다르다. 세균이나 균류의 대부분은 빛을 전혀 필요로 하지 않을 뿐 아니라 암흑에서도 생육한다. 고등식물은 직접 일광을 받아 생육하는 것, 삼림의 그늘을 좋아하는 등 빛에 대한 요구가 달라서 이것에 따라 양지식물, 음지식물로 구별한다. 식물이 빛을 선호하면 양지성 식물, 그 반대이면 음지성 식물이라고 한다. 또한 빛에 대한 민감성이 낮으면 반양지성 식물이다. 음지성 식물이란 20%의 햇빛이 있을 때에 가장 양호한 성장을 할 수 있는 식물이다. 반면에 양지성 식물이란 최소한 40%의 빛이 필요하고, 반양지성이란 30%의 빛을 요하는 식물류이다. 식재에 있어서 식재장소의 방향, 건축물의 그림자, 큰 교목의 그림자 등은 식재한 수종의 성장에 중요한 영향을 미치게 되므로 식재 선택 시에 선택한 수종의 광선선호도를 반드시 고려하여야만 한다.

4) 수분

만물의 근원은 물이라는 것을 우리는 잘 알고 있다. 식물생육에 있어서도 물은 매우 중요하다. 식물 세포의 내부에서 일어나는 여러 가지 생화학 반응은 모두 물을 매체로 하여 이루어지므로, 물은 식물이 생명을 유지하기 위한 가장 기본적인 물질이다. 예를 들어, 씨는 상당히 건조한 곳에서도 살아갈 수 있지만, 수분이 없어 완전히 마르게 되면, 죽어버리고 만다. 또한, 수분이 아주 적을 때, 씨는 휴면 상태에 놓여 있으며 결코 싹이 트지 않는다. 그러나 충분한 물과 함께 적당한 온도와 산소가 제공되면, 대부분 싹이 튼다. 한편, 싹이 트고 자라서 대기 중에 가지와 잎을 낸 식물은 증산에 의해 많은 양의 물을 잃어버리므로, 그 양만큼의 물이 항상 식물체 안에 보급되어야 한다. 여러 가지 식물의 생활환경을 살펴보면, 물을 빨아들이기 쉬운 환경이 있는가 하면 사구나 사막 등과 같이 물이 부족하기 쉬운 환경도 있는데, 식물의 형태나 생활형은 이에 따라 큰 차이를 나타내고 있다. 식물의 물에 대한 적응은 여러 가지 환경 요인에 대한 적응 중에서도 특히 잘 발달되어 있다. 식물에 필요한 수분의 양은 식물 종류에 따라서 다르다. 즉 365일 연중 물이 있어야만 생장이 가능한 식물류(수생식물)가 있고, 연중의 절반 정도만 물에 잠긴 상태일 때에 생육이 가장 좋은 식물이 있다(정수식물). 한편 물에 잠겨 있지는 않더라도 다소의 침수를 견뎌내는 내침수성 식물류가 있는가 하면, 물이 있으면 오히려 생육이 부량해지는 식물류(건조식물)가 있다. 따라서 식재를 할 경우에는 강수량 이외에도 토양 내의 수분공급 정도를 파악하는 것이 중요하다.

5) 토양

수생 식물 등 극히 일부를 제외한 식물들은 토양에 뿌리를 내리고 살아간다. 토양은 암석에서 만들어지는데, 그곳에 식물이 자라게 되면 오랜 세월에 걸쳐 식물과의 작용, 반작용에 의해 점차 토질이 변화되어간다. 이와 같이 볼 때, 도시 한구석에 귀화 식물이 침입하여 원래의 아름다운 들꽃이 없어져 가는 현상은, 사람이 살아가면서 토양을 들꽃에게 알맞지 않은 상태로 변하게 하였기 때문임을 알 수 있다. 이와 같이, 토양은 식물의 생활을 주도하는 매우 중요한 요인이라고 할 수 있다. 일반적으로 식물이 생육하는 데 있어서 적절한 토양의 pH는 중성~약산성이다. 그 이유는 식물에 필요한 토양 내의 여러 성분이 잘 흡수될 수 있는 조건이기 때문이다. 대부분의 식물들은 유기물의 함량이 적절한 곳을 선호하지만 일부 식물들은 토양 내의 유기물 함량이 너무 많은 것을 기피하는 식물류가 있고, pH가 높은 알카리성 또는 산성인 특수한 토양조건을 요구하는 식물류도 있다. 아울러 토양 내의 통기성, 즉 공기의 소통도 식물의 생육에 중요한 요소의 하나로서 뿌리가 깊게 뻗는 식물류는 특히 식재 전에 토양을 깊게 뒤집어 주기를 해야 한다.

6) 물리적인 요인

물리적 요인 중의 하나는 바람(winds)이다. 바람은 기압의 변화 따위에서 비롯하는 공기의 흐름을 말한다. 바람은 일반적으로 공간적 규모, 속도, 원인, 발생지역, 영향 등에 따라 분류한다. 대규모 바람(global winds)으로는 대기 순환류(atmospheric circulation cell)에 존재하는 바람이 있다. 또 제트기류(jet streams)라 불리는 상층대기의 빠른 집적된 공기의 흐름이 있다. 종관 규모(synoptic-scale winds)에서는 중위도 지역의 표층 공기 덩어리의 압력차에 의하여 발생하는 바람과 해륙풍과 같이 지형적 형태의 결과로 나타나는 바람이 있다. 중간규모(mesoscale winds)의 바람으로는 소나기 전선(gust front)과 같이 지역적으로 영향을 미치는 바람이 있다. 가장 작은 규모의 미소 바람(microscale winds)으로 10~100m 규모로 발생하여 예측할 수 없는 회오리바람이나 순간돌풍(microbursts)과 같은 바람이 있다.

바람은 주로 자연적 조건에서 바닷가나 섬 지방 또는 높은 산악지에 많다. 그러나 도시의 고층건물 사이에서도 바람이 형성된다. 또는 고층에 조성한 옥상정원 등에는 평지에서보다 매우 강한 바람이 있다. 식재에서는 자연적이건 또는 인위적이건 바람의 조건을 고려해야만 한다. 예를 들면 바람이 많은 곳에는 바람에 가지가 잘 꺾이지 않는 유연성이 많은 수종과 잎이 넓지 않은 수종들을 선택하는 것이 바람직하다. 기타의 물리적 요인으로 비탈면에 의한 지면의 움직임과 눈사태에 따른 눈의 무게로 인한 나뭇가지 찢어짐이 발생할 수 있다. 따라서 비탈면에 적용할 식물의 종류는 뿌리가 잘 발달하는 식물류로 선정하고 눈이 많은 지방에서의 식물의 선택은 나무의 유연성이 많은 종류들이 적절하다.

② 어린이공원에 적합한 수목[12]

(1) 수종선택 시 고려사항

어린이 놀이터에 식재하는 식물은 어린이들에게 그늘을 제공할 뿐만 아니라 감각적 경험을 제공하며 놀이에 사용되기도 한다. 또한 식물의 잎과 꽃 등은 어린이들의 놀이에서 소품으로 자주 사용된다.[13] 정민영(2008)[14]은 어린이들은 식물을 통해 직접적인 체험을 하려 하며, 새로운 것이나 흥미로운 것에 대한 호기심을 가지기 때문에 놀이터에서 어린이가 직접 접하게 되는 식재 수종은 자극성과 독성이 없고, 가시가 없는 등 어린이 안전을 고려한 수종이 선정되어야 한다고 주장했다.

2007년 아파트관리신문의 보도 내용을 살펴보자.[15]

《《아파트 내 어린이놀이터 조성 시 놀이터의 특성과 이용자인 어린이를 고려한 환경조성이 이뤄져야 한다는 주장이 제기됐다. (사)한국조경학회는 지난달 26일 경기중소기업종합지원센터에서 '2007 추계 학술대회'를 개최했다. 이날 서울여자대학교 대학원 정민영 씨는 '아파트 단지 내 어린이놀이터 환경평가'라는 발제를 통해 "단지 내 놀이터의 시설과 바닥재의 경우 이용자인 어린이의 요구와 창의력 발달에 주안점을 두지 않고 형식에 맞추는 데 그치고 있다"며 "어린이들의 관점에서 놀이터 재계획이 필요하고, 자연영역에서도 단순식재 형태에 그치는 것이 아니라 다양한 수종을 식재해야 한다"고 주장했다. 정민영 씨는 "1970년대 이후 아파트의 증가와 더불어 어린이 놀이공간도 늘어났지만 질적으로는 개선되지 않았다"며 "대다수의 어린이 놀이터가 인공적인 소재로 다양성 없이 만들어져 어린이들의 지능과 정신적·신체적·사회적 욕구를 충족시켜 주지 못하고 있다"고 지적했다. 이어 정씨는 "어린이 놀이시설의 환경조사를 위해 서울 강남구와 서초구에 소재한 아파트 단지 15개소를 대상으로 놀이시설의 소재와 종류, 식재식물 등을 조사했다"며 "거의 모든 대상지가 미끄럼틀,

12 정민영(2008), 아파트 단지 내 어린이 놀이터 환경조사 및 평가를 통한 개선방안 – 서초·강남구를 중심으로, 서울여자대학교 석사학위논문을 주로 참고하였음.
13 신동주(1999), 영유아를 위한 실외놀이환경 지침 구성, 교육과학사.
14 정민영(2008)의 앞의 논문.
15 정민영(2008)의 앞의 논문.

시소, 그네 등 기본적인 시설만 설치돼 있고 어린이들의 창의력, 사회정서 발달에 도움이 되는 모험놀이 시설이나 물놀이 시설 등은 전혀 설치되지 않았다”고 밝혔다. 또 정씨는 “각 조사 대상지 놀이터에 식재된 수종은 단풍나무와 회양목, 무궁화, 쥐똥나무 등으로 매우 제한적이고 식재 패턴 또한 단순했다”며 “관리적 측면만 고려한 단순한 식재에 그치지 말고 다양한 수종의 식재와 함께 수종의 명칭을 알려주는 팻말 등을 설치해 어린이들의 흥미를 유발하고, 학습효과를 이끌어내야 할 것”이라고 덧붙였다. 아울러 정씨는 “놀이터를 가능한 도로와 떨어진 위치에 조성해 어린이들의 안전성을 높이고, 놀이시설의 위험사항을 알리는 안내판을 설치해 어린이들의 주의를 환기시켜 안전성을 확보해야 할 것”이라고 강조했다.〉〉

그리고 서울특별시 강동구청의 2006년 “암사4동 어린이공원조성 기본계획 및 기본·실시설계용역 현상설계 공모 지침서”의 세부설계지침 중 식재설계 부분을 살펴보자.
- 이용행태를 감안하여 동적·정적·개방·폐쇄 등 다양한 공간감을 부여한다.
- 주변지역과 조화되는 수종을 선정하고, 어린이에게 피해를 주는 수종은 배제한다.
- 수목과 화훼류 등을 이용한 계절의 변화감을 주어 친환경적 공간으로 조성한다.
- 수목식재 시 교목, 관목, 지피류를 수직으로 상층, 중층, 하층 식재로서 풍부한 녹지를 조성한다.
- 이식 및 유지관리가 용이한 수종으로서 수습 및 향토성이 강한 수종을 선정한다.
- 공원 지하부에 주차장이 설치되므로 수목 식재 시 토심을 고려하여 식재계획 수립한다.

이러한 배경하에서 어린이공원 수목식재는 “어린이들의 관점에서 놀이터 재계획이 필요하고, 자연영역에서도 단순식재 형태에 그치는 것이 아니라 다양한 수종을 식재해야 한다. 어린이들의 흥미를 유발하고, 학습효과를 이끌어내야 하며 어린이에게 피해를 주는 수종은 배제한다. 그리고 수목과 화훼류 등을 이용한 계절의 변화감을 주어 친환경적 공간으로 조성한다”에 주목한다. 즉 다양한 수종, 흥미유발, 학습효과, 어린이에게 피해를 주지 않는 수종 그리고 계절의 변화감 등이 안전한 어린이공원을 만들기 위한 수목선정의 우선적인 기준이 되어야 한다고 생각한다. (표 6-5)는 어린이공원 조성 시 수목선정을 위한 고려사항을 정리한 것이다.

표 6-5

식재수종의 선택 시 고려사항[16]	
구분	**검토사항**
식물 생육적 측면	건강하고 잘 자라며, 빨리 자라는 수목 및 초화류 선정 대기오염에 강한 수종으로 생육환경이 열악한 도시환경에 견디는 식물을 선정
경관적 측면	값이 싸면서도 수형, 꽃, 과실이 아름다운 식물 전체적으로 다이나믹한 감각을 주고, 명암이 강한 식물이나, 계절의 변화가 뚜렷하고 색채가 밝은 식물 식재
교육적 측면	도시어린이로 하여금 발아, 개화, 결실, 낙엽을 관찰할 수 있게 하며, 제초, 관수, 겨울의 수목관리 등에 직접 참여시켜 기술을 습득케 하거나 실질적인 공부가 될 수 있는 수종 교육적 가치에 유의할 것, 특히 초등학교, 중학교 교과서에 나오는 식물을 고려하여 식재
위해성 측면	가시나 유독성이 없는 식물을 선정 심한 냄새가 나거나 즙액이 나는 식물, 꽃가루가 심하게 날리는 식물을 지양
관리적 측면	유지관리가 용이하고, 어린이들의 장난이나 과도한 단압에 견딜 수 있는 식물선정 병충해에 강한 것, 특히 벌레가 많이 생기지 않는 식물을 선정

(2) 어린이공원 식물의 조건

어린이공원의 식물은 어린이들에게 감각적 경험을 제공할 뿐만 아니라 놀이에 직접적인 도구로 이용되기 때문에 식재식물 선정 시에는 식물의 기능과 역할에 따라 다양한 수종을 선택하여 식재하는 것이 필요하다. (표 6-6)은 식재식물에 있어 필요한 기능을 나타낸 것으로 수목 선정 시 놀이기구의 기능, 학습의 기능, 공간 분할의 기능, 사회적 환경 제공의 기능 그리고 미기후조절의 기능 등을 고려하여 채택해야 할 것이다.

한편 놀이터에 식재해야 할 식물은 어린이들의 건강과 안전성, 자연과의 상호작용, 경관적 측면, 생육조건 등을 우선적으로 고려하여 대상지역에 적합한 수종을 선정하고

---

16 정민영(2008)의 앞의 논문.

표 6-6

어린이공원 식물의 기능[17]	
구분	**내용**
놀이기구의 기능	• 놀이 활동의 범위를 넓히는 역할 • 나무에 올라 나무 위에서 놀기도 하고, 숨바꼭질을 할 때 나무나 덤불을 이용하여 탐색활동을 함 • 극화놀이의 소품으로 활용, 비구조적인 놀잇감으로 사용
학습의 기능	• 어린이에게 다양한 결, 향기 및 색채에 대해 탐색할 수 있는 기회를 제공 • 야생생물들이 서식할 수 있는 공간을 제공하여 이를 관찰할 수 있는 기회를 제공 • 계절에 따라 변화하기 때문에 어린이에게 시간의 흐름을 따라 자연이 어떻게 변하는지를 알게 해 줌
공간분할의 기능	• 식물을 이용하여 영역간의 경계를 짓거나, 개인적 공간을 마련함으로써 좀 더 다양한 형태와 느낌의 공간을 구성
사회적 환경 제공의 기능	• 나무나 큰바위, 연못, 덤불 숲 등은 어린이들에게 편안함을 주며 사회적 상호작용이 일어나도록 지원하고 식물을 이용하여 다양한 사회적 환경을 제공할 수 있음
미기후조절의 기능	· 기후조건을 완화시키는 역할 · 그늘을 제공하고 바람을 막아주는 역할을 함

놀이터의 특성에 맞게 계획하는 것이 필요하다.

어린이 놀이터에 식재할 식물은 대상지의 특성을 파악하여 대상지역에 적합한 수종을 선택하고 어린이들이 교육적 측면을 고려하여 식재를 하되 어린이들이 만지고 먹을 수 있는 신체에 위험한 식물들은 가급적 피하는 것이 좋다(표 6-7).

---

17 정민영(2008)의 앞의 논문.

표 6-7

어린이공원 식재 시 주의해야 할 식물소재[18]

식물이름	학명	독성부위	미치는 영향
노박덩굴	*Celastrus orbiculatus*	열매	• 입안에 상처를 입음. • 구역질, 구토, 어지러움, 발작적 경련
애기미나리아재비	*Ranunculus japonicus*	모든 부분	• 소화기관 장애, 구역질, 구토
아주까리열매	*Ricinus communis*	콩깍지처럼 생긴 부분	• 독성이 매우 강함 • 유아 성인 모두에게 매우 치명적
히야신스, 수선화 등의 알뿌리식물	*Hyacimthus orentalis L, Narcissus tazeta var. chinensis*	알뿌리	• 구역질, 구토, 설사 • 치명적일 수 있음
아이리스	*Iris holandica*	땅속뿌리	• 소화기관 장애, 구역질, 구토, 설사
나리	*Lilium tigrinum*	잎과 꽃	• 구역질, 구토, 어지러움, 정신혼란
포인세티아	*Euphorbia pulcherrima*	잎	• 입, 식도, 위장기관에 염증 • 치명적일 수 있음
장군 풀	*Rheum coreanum*	열매, 잎	• 열매 : 독성이 매우 강함, 설사, 불규칙한 맥박 • 잎 : 의식이 없어짐, 사망의 위험이 큼
스위트피	*Lathyrus odoratus*	모든 부분, 특히 깍지부분과 씨	• 호흡곤란, 발작성 경련, 맥박이 느려짐
아까시나무	*Robinia pseudoacacia*	잎, 깍지, 씨	• 유아에게 특히 위험, 구역질
벚나무	*Prunus serrulata var. spontanea*	잎, 잔가지	• 호흡곤란 유발 • 치명적일 수 있음
수선화	*Narcissus tazatta var. chinensis*	구근	• 먹었을 때 울렁거리고 구토를 유발
유카	*Yucca recurvifolia*	잎	• 잎의 뾰족한 부분에 아이들이 상처를 입을 수 있음(잎이 아이들의 눈높이에 위치함)

18 정민영(2008)의 앞의 논문.

란타나	*Lantana camara*	모든 부위, 특히 열매	• 위와 장쪽, 순환기계통의 통증을 유발
갈참나무	*Quercus aliena Bl.*	열매, 잎	• 많이 먹으면 신장에 문제 유발
팥꽃나무	*Daphne genkwa*	모든 부위	• 설사와 복통을 수반
철쭉	*Rhododendron schlippenbachii*	모든 부분	• 구역질, 발작적 경련
등나무	*Wisteria floribunda*	모든 부위, 특히 열매와 껍질	• 설사
능소화	*Campsis grandiflora*	꽃가루	• 실명의 위험이 있음 • 피부에 염증 유발
장미	*Rosa spp.*	가시	• 가시가 나있어 상처를 유발
주목	*Taxus cuspidata*	열매, 잎 전체	• 잎은 특히 치명적, 구토, 설사, 호흡곤란

(3) 어린이공원의 식재 기준[19]

어린이공원에 적합한 수목·초화류 등은 어린이의 건강·교화·정서적 측면, 도시 미적 측면, 일반생육상의 조건 등에 준해 다음과 같은 점을 고려해야 한다.

어린이공원에 식재되는 식물재료는

- ① 강건하고 잘 자라며, 빨리 자라는 수목 및 초화류를 심을 것
- ② 대기오염에 강한 것, 불리한 도시환경에 견디는 식물을 선택할 것
- ③ 병충해에 강한 것, 특히 벌레가 많이 생기지 않는 식물을 선택할 것
- ④ 유지관리가 용이하고, 특히 어린아이들의 장난, 과도한 밟음 등에 견딜 수 있는 식물일 것
- ⑤ 값이 싸면서도 수형, 꽃, 과실이 아름다운 식물일 것

---

19 최기호(1997), 공원시설 (조경설계자료 집성3) 조경사.

- ⑥ 유독성이 없는 식물일 것
- ⑦ 심한 냄새가 나거나 즙액이 나는 식물, 꽃가루가 심하게 날리는 식물은 피할 것
- ⑧ 교육적 가치에 유의할 것. 특히 초등학교, 중학교 교과서에 나오는 식물을 고려하여 식재하되 그 식물 군집의 미를 알 수 있게 최소한 교목 5~7본, 관목 20본 내외, 초화류의 경우 집단으로 식재할 것
- ⑨ 도시 어린이로 하여금 발아, 결실, 낙엽을 관찰할 수 있게 하며 제초, 관목, 겨울의 수목관리 등에 직접 참여하게 하여 기술을 습득케 하거나 산 공부가 될 수 있게 할 것
- ⑩ 식물은 전체적으로 다이나믹한 감각을 주고, 명암이 강한 식물, 계절의 변화, 색채가 밝은 식물을 식재할 것
- ⑪ 정적 놀이시설 주변의 보호자 휴식공간 및 기타 필요한 곳에는 녹음수를 식재하고, 파골라에는 등나무와 인동덩쿨 등의 덩굴성 식물을 올리도록 할 것
- ⑫ 좁은 공간 내의 녹음식재는 지나치게 큰 대교목을 심어 음울하지 않도록 하며, 특히 잎이 크고 낙엽이 많이 지는 것은 모래밭, 풀, 유아용 놀이터 주변에 심지 않도록 할 것
- ⑬ 어린이공원 내부의 상호 다른 기능을 분리하며 정적놀이공간과 동적놀이공간 사이에 설치되는 차폐식재는 그 차폐 정도가 강하게 요구되는 곳은 연중 효과적인 산울타리로, 그렇지 않고 가벼운 차폐 내지 공간분할기능을 가질 때에는 계절적 변화와 공원 내를 밝게 할 목적으로 화목류를 식재할 것

이상의 선정기준에 의하여 어린이공원에 적합하다고 추천할 수 있는 수종은 다음 그림과 같다.

가중나무
Ailanthus altissima
(소태나무과)
Tree of Heaven

● 개화기 6~8월 / 결실기 9월

내력	중국이 원산지이며 낙엽활엽교목으로 가죽나무라고도 불려진다. 가죽나무는 가짜죽나무란 뜻이며 학교나 공원등지에 심지만, 각지에 야생하기도 하고 성장이 빠르다.
형태	낙엽활엽교목으로 줄기는 통직하며 높이 20m에 달한다.
잎	잎은 호생하고 기수1회우상복엽으로 길이 60~80cm이며 소엽은 13~25개이고 넓은 피침상 난형이며 점첨두이고 예저 또는 원저이며 길이 7~13cm, 폭 5cm로서 연모가 있고 하반부에 2~4개의 톱니와 선점이 있으며 표면은 진한 녹색, 뒷면은 연한 녹색으로 털이 없다.
꽃	원추화서는 가지 끝에 달리고 길이 10~30cm이며 꽃은 자웅이가화로서 지름 7~8mm이고 녹색이 도는 백색으로 6~8월에 개화한다.
열매	시과는 3~5개씩 달리고 연한 적갈색이며 얇고 피침형이며 길이 3~4cm, 폭 1cm로서 날개 가운데 1개의 종자가 들어 있으며 9~10월에 성숙하고 봄까지 달려 있다.
수피 및 가지	수피는 회갈색이고 오랫동안 갈라지지 않고 소지는 황갈색 또는 적갈색이며 털이 있으나 없어지는 것도 있다.
비고	어린이공원에서의 이용형태: 녹음·외주부·수경 뿌리껍질은 이질이나 만성 설사, 피가 나오는 설사병에 사용하고, 자궁출혈이나 임신중의 하혈, 질염, 남성들의 성기능 저하, 기생충 구제에도 사용한다.

개나리

Forsythia koreana (Rehder) Nakai
(물푸레나무과)
Korean Forsythia

● 개화기 4월 / 결실기 9~10월

내력	연교·개나리꽃나무·영춘화라고도 한다. 개나리는 '나리'에 접두사 '개–'가 붙은 것으로, 원래 '나리'꽃은 '백합'꽃을 일컫던 단어였는데 그보다도 작고 좋지 않은 꽃이라고 해서 '나리'에 '개–'를 붙인 것이다. 여기서 '개'는 'pseudo'라는 뜻으로 '가짜'를 의미한다.
형태	낙엽활엽관목으로서 높이 3m에 달한다.
잎	마주나고 달걀모양 피침형 또는 달걀모양 타원형이고 첨두이며 넓은 예저이지만 도장지의 잎은 깊게 3개로 갈라지는 것이 많고 중앙부 또는 중앙부 이하가 가장 넓으며 길이 3~12cm로서 양면에 털이 없고 표면에 윤채가 있으며 중앙 이상에 톱니가 있거나 밋밋하고 잎자루의 길이는 1~2cm이다. 잎 앞면은 짙은 녹색이고 뒷면은 황록색이다.
꽃	4~5월에 잎겨드랑이에서 노란색 꽃이 1~3개씩 피며 꽃자루는 짧다. 꽃받침은 4갈래이고 녹색이며 털이 없고 꽃부리는 길이 1.5~2.5cm로서 깊게 4개로 갈라지며 갈라진 조각은 긴 타원형이다. 수술은 2개이고 화관에 붙어 있으며 암술은 1개이다. 암술대가 수술보다 위로 솟은 것은 암꽃이고, 암술대가 짧아 수술 밑에 숨은 것은 수꽃이다.
열매	9~10월에 익으며 길이 1.5~2cm이고 달걀 모양이며 사마귀 같은 돌기가 있다. 종자는 갈색이고 길이 5~6cm로 날개가 있다.
수피 및 가지	가지 끝이 밑으로 처지며, 잔가지는 처음에는 녹색이지만 점차 회갈색으로 변하고 껍질눈이 뚜렷하게 나타난다.
비고	어린이공원에서의 이용형태: 산울타리·차폐·공간분할 향균작용이 있어 대장균·이질균·결핵균·콜레라균의 발육을 억제하고, 신장결석에 달여서 식사 전에 복용하면 효과가 있다.

느티나무
Zelkova serrata Makino
(느릅나무과)
Zelkova Tree

● 개화기 5월 / 결실기 10월

내력	한국, 중국, 일본에 분포해 있으며, 우리나라 전 지역에 자생한다.
형태	느릅나무과의 잎지는 넓은 잎 큰키나무로 키 26m 정도로 곧고 굵게 자란다. 가지가 위와 옆으로 뻗어 위쪽이 넓게 둥글어진다.
잎	잎은 호생하며 장타원형, 타원형 또는 난형이며 점첨두, 원저 또는 얕은 심장저이며 길이 2 ~13cm, 넓이 1~5cm이고 거치가 있다. 측맥은 8~14쌍이며 15mm 이하의 엽병이 있다.
꽃	꽃은 자웅동주로 4~5월에 핀다. 암꽃은 가지 끝에 한두개씩 달리고 수꽃은 새가지 밑에 10여 개씩 몰려 달린다.
열매	열매는 10월에 익는다. 열매는 대가 거의 없이 이그러진 엽맥에 달려 있고 편구형으로 지름이 4mm로서 뒷면에 능선 이 있다.
수피 및 가지	원대가 갈라지는 것이 많고, 회갈색의 수피는 평활하지만 오래되면 비늘처럼 떨어지며 피목 이 옆으로 발달한다.
비고	어린이공원에서의 이용형태: 녹음 둥근잎느티나무(var. latifolia Nakai) : 잎 끝이 둥글며 넓은 타원형(속리산에서 자생) 긴잎느티나무(var. longifolia Nakai) : 잎이 넓은 피침형인 것(함양, 통영 등지에 자생)

단풍나무
Acer palmatum Thunb.
(단풍나무과)
Smooth Japanese Maple

● 개화기 5월 / 결실기 9∼10월

내력	한국(제주·전남·전북)·일본에 분포하며 산지의 계곡에 서식하고 자생한다.
형태	낙엽활엽 교목으로 높이는 10m에 달한다.
잎	마주나고 손바닥 모양으로 5∼7개로 깊게 갈라진다. 갈라진 조각은 넓은 바소, 즉 한방에서 곪은 데를 쨀 때 쓰는 넓은 바늘 모양이고 끝이 뾰족하며 가장자리에 겹톱니가 있고 길이가 5∼6cm이다. 잎자루는 붉은 색을 띠고 길이가 3∼5cm이다.
꽃	꽃은 수꽃과 양성화가 한 그루에 핀다. 5월에 검붉은 빛으로 피고 가지 끝에 산방꽃차례를 이루며 달린다. 꽃받침조각은 5개로 부드러운 털이 있고, 꽃잎도 5개이다. 수술은 8개이다.
열매	열매는 시과이고 길이가 1cm이며 털이 없고 9∼10월에 익으며 날개는 긴 타원 모양이다.
수피 및 가지	가지는 작은 가지로 털이 없으며 붉은빛을 띤 갈색이다. 수피는 회색 또는 옅은 회갈색으로 어린가지는 붉은 빛을 띤다.
비고	어린이공원에서의 이용형태: 수경

박태기나무
Cercis chinensis
(콩과)
Chinese Redbud

● 개화기 4~5월 / 결실기 8~9월

내력	중국 원산으로 한국에서는 300년쯤 전부터 심어 길렀다.
형태	높이 3~5m로 자라고 가지는 흰빛이 돈다.
잎	잎은 길이 5~8cm, 너비 4~8cm로 어긋나고 심장형이며 밑에서 5개의 커다란 잎맥이 발달한다. 잎면에 윤기가 있으며 가장자리는 밋밋하다.
꽃	꽃은 하얀색으로 개나리와 유사한 모양이며, 3월에 잎이 돋아나기 이전 지난해에 형성된 꽃눈에서 꽃이 먼저 핀다. 또한 개나리꽃이 향기가 없는 것에 반하여 미선나무 꽃은 향기를 가진 꽃이다.
열매	열매는 협과로서 꼬투리는 길이 7~12cm이고 편평한 줄 모양 타원형으로 8~9월에 익으며 2~5개의 종자가 들어 있다.
수피 및 가지	목재는 연한 녹색이고, 수피를 통경·중풍·대하증에 이용한다.
비고	어린이공원에서의 이용형태: 점경 잎보다 분홍색의 꽃이 먼저 피며 꽃 색깔이 화려해 정원수로 많이 심는다. 꽃봉오리 모양이 밥풀과 닮아 '밥티기'란 말에서 이름이 유래되었다.

배롱나무
Lager stroemia indica L.
(부처꽃과)
Indian Lilac

● 개화기 7∼9월 / 결실기 10월

내력	중국이 원산지이며, 산기슭이나 밭둑에서 자란다. 높이 10∼15m, 지름 30∼40cm이다.
형태	수고 5∼6m 정도로 구불구불 굽어지며 자란다.
잎	잎은 마주나고 긴 타원형으로 윤이 난다.
꽃	7∼9월에 붉은색·흰색 따위의 꽃이 가지 끝에 원추(圓錐) 화서로 핀다. 가지 끝에 달리는 원추화서의 꽃은 홍자색으로 피며 늦가을까지 꽃이 달려 있다. 꽃받침은 6개로 갈라지고 꽃잎도 6개. 수술은 30∼40개, 암술대는 1개로 밖으로 나와 있다.
열매	열매는 타원형으로 10월에 익는다.
수피 및 가지	수피는 옅은 갈색으로 매끄러우며 얇게 벗겨지면서 흰색의 무늬가 생긴다.
비고	어린이공원에서의 이용형태: 점경·공원 입구 낙엽활엽소교목이다. 주로 관상용으로 심어 기르며 추위에 약하다.

사철나무
Euonymus japonica Thunb.
(노박덩굴과)
Evergreen Euonymus

● 개화기 6～7월 / 결실기 10월

내력	한국, 중국, 일본, 시베리아, 유럽 등지에 분포하는 상록활엽관목이다. 흔히 중부 이남의 바닷가에서 생육하며 내음력과 공해저항성, 내건성 등이 강해 전국적으로 재배가 가능한 식물이다.
형태	상록활엽교목으로 수고 6～9m에 달한다.
잎	마주달리며 두꺼운 혁질로 타원형이며 가장자리에 둔한 톱니가 있다. 표면은 짙은 녹색으로 광택이 있으며 뒷면은 털이 없고 황록색을 띤다.
꽃	6～7월에 잎겨드랑이에서 연한 황록색의 꽃이 취산화서로 5～12송이가 달린다. 꽃잎과 꽃받침과 수술은 각각 4개씩이며 1개의 암술이 있다.
열매	삭과로 둥글고 10월에 붉은색으로 익으며 4갈래로 갈라져 주황색 헛씨껍질에 싸인 흰색 씨가 나온다.
수피 및 가지	수피는 다갈색이고 어린가지는 녹색을 띤다.
비고	어린이공원에서의 이용형태: 산울타리·점경 생육기간 중에 채취하여 햇볕에 말려 잘게 썰어서 나무껍질을 약재로 쓴다.

수국

Hydrangea macrophylla f. otaksa
(범의귀과)
Bigleaf Hydrangea

● 개화기 4~5월

내력	수국이란 중국명의 수구(繡球) 또는 수국(水菊)에서 유래된 이름이라고 보며, 옛 문헌에는 자양화(紫陽花)라는 이름으로 나타나고 있다.
형태	키 작은 낙엽활엽수로 1m 정도의 높이로 자란다.
잎	잎은 마주나고 달걀 모양인데, 두껍고 가장자리에는 톱니가 있다.
꽃	꽃은 중성화로 6~7월에 피며 10~15cm 크기이고 산방꽃차례로 달린다. 꽃받침조각은 꽃잎처럼 생겼고 4~5개이며, 처음에는 연한 자주색이던 것이 하늘색으로 되었다가 다시 연한 홍색이 된다. 꽃잎은 작으며 4~5개이고, 수술은 10개 정도이며 암술은 퇴화하고 암술대는 3~4개이다.
열매	–
수피 및 가지	갈색이고 세로로 얇게 벗겨진다.
비고	어린이공원에서의 이용형태: 점경·수목 아래 관상용으로 많이 심는다.

오동나무

Paulownia coreana
(현삼과)

● 개화기 5~6월 / 결실기 10월

내력	분포지역은 한국의 평남·경기 이남이며 서식장소/자생지는 촌락 근처이다.
형태	낙엽 활엽교목으로 높이 15~20m에 달하고 직경은 80cm까지 자란다.
잎	마주나고 난상원형 또는 타원형이지만 흔히 오각형이며, 끝이 뾰족하고 밑은 심장형이다. 길이 15~23cm, 너비 12~29cm로 표면에는 털이 거의 없고 뒷면에는 갈색 성모가 많으며, 잎자루는 9~21cm로 잔털이 있다.
꽃	5~6월에 잎보다 먼저 피며 가지 끝의 원추화서(둥근 뿔 형태의 꽃차례)에 달린다. 화관은 길이 6cm 정도로 자주색이지만 끝부분은 황색이고 안팎에 성모와 선모가 있다.
열매	삭과(여러 개의 씨방으로 된 열매)로 구형이며 10월에 성숙하고 삭과당 종자수는 2,000~3,000개이다.
수피 및 가지	수피는 담갈색이고 암갈색의 거친 줄이 종으로 나있으며 가지는 굵으면 옆으로 자라는데 어린 가지에는 털이 많이 나있다.
비고	어린이공원에서의 이용형태: 녹음수·수경 병충해와 습기에 강하고 특히 소리가 맑고 곱게 나기 때문에 악기를 만들거나 고급 가구를 만들 때 이용한다.

쥐똥나무
Ligustrum obtusifolium
(물푸레나무과)

● 개화기 5~6월 / 결실기 10월

내력	분포지역은 한국(황해 이남)·일본 등지이며 서식장소/자생지는 산기슭이나 계곡이다.
형태	낙엽 관목으로 넓은 잎 작은키나무로 줄기가 여러 개 올라와 키 2~4m 정도로 비틀리듯 자란다. 가지가 사방으로 퍼져 전체가 넓게 둥그스름해진다. 땅 속에 뿌리들이 단단히 뒤얽혀 있다.
잎	마주나고 길이 2~7cm의 긴 타원 모양이며 끝이 둔하고 밑 부분이 넓게 뾰족하다. 잎 가장자리는 밋밋하고, 잎 뒷면 맥 위에 털이 있다.
꽃	5~6월에 흰색으로 피고 가지 끝에 총상꽃차례를 이루며 달린다. 꽃차례는 길이가 2~3cm이고 잔털이 많다. 화관은 길이 7~10mm의 통 모양이고 끝이 4개로 갈라지며, 갈라진 조각은 삼각형이고 끝이 뾰족하다. 수술은 2개이고 화관은 통 부분에 달리며, 암술대는 길이가 3~4.5mm이다.
열매	장과이고 길이 6~7mm의 둥근 달걀 모양이며 10월에 검은 색으로 익는다. 다 익은 열매가 쥐똥같이 생겼기 때문에 쥐똥나무라는 이름이 붙었다.
수피 및 가지	가지는 가늘고 잿빛이 도는 흰색이며, 어린 가지에는 잔털이 있으나 2년생 가지에는 없다.
비고	어린이공원에서의 이용형태: 산울타리·차폐 흔히 산울타리로 심고, 한방에서는 열매를 수랍과라는 약재로 쓰는데, 강장·지혈 효과가 있어 허약 체질·식은땀·토혈·혈변 등에 사용한다.

측백나무
Thuja orientalis L.
(측백나무과)
Chinese Arborvitae

● 개화기 4월 / 결실기 9~10월

내력	원산지는 한국이며 분포지역도 한국이다. 가지가 수직적으로 발달하므로 측백이라는 이름이 붙었다.
형태	높이가 25m에 달하며, 비늘잎으로 구성된 잎은 능형으로 작은 가지와 잎의 구별이 뚜렷하지 않다.
잎	비늘 모양의 잎이 뾰족하고 가지를 가운데 두고 서로 어긋나게 달린다. 잎의 앞면과 뒷면의 구별이 거의 없고 흰색 점이 약간 있다.
꽃	꽃은 4월에 피고 1가화이며 수꽃은 전년 가지의 끝에 1개씩 달리고 10개의 비늘조각과 2~4개의 꽃밥이 들어 있다. 암꽃은 8개의 실편과 6개의 밑씨가 있다.
열매	열매는 구과로 원형이며 길이 1.5~2cm로 9~10월에 익고, 첫째 1쌍의 실편에는 종자가 들어 있지 않다.
수피 및 가지	어린가지는 녹색으로 납작하다.
비고	어린이공원에서의 이용형태: 산울타리·차폐·공간분할 흔히 관목상으로 자라고 절벽지나 석회암지대에 잘 자란다. 내한성, 내건성, 내공해성이 강하다. 양수이지만 그늘에서도 잘 자라는 편이다.

팽나무

Celtis sinensis Pers.
(느릅나무과)
Weeping Chinese Hackberry

● 개화기 4~5월 / 결실기 10월

내력	일본과 중국에 분포하며 함경북도 이외의 평지에서 자란다. 남부지방에서 폭나무·포구나무 등으로 불린다.
형태	낙엽교목으로서 높이 20m, 지름 1~2m에 달한다.
잎	길이 4~11㎝ 정도로 어긋나게 달리고 끝이 뾰족한 타원형이며 가장자리에 둥근 잔톱니가 있다. 좌우의 잎맥은 3~4쌍이다. 만져보면 두껍고 앞면에 윤기가 난다. 어릴 때는 앞뒷면에 잔털이 있다가 점차 없어진다. 잎자루에 잔털이 있다. 가을에 노랗게 물든다.
꽃	4~5월에 새로 나는 햇가지에 어린잎과 함께 붉은빛이 도는 연노란색으로 핀다. 한 꽃에 암술과 수술이 들어 있거나 암꽃과 수꽃이 한 나무에 핀다. 수꽃은 햇가지 아래쪽에 끝마다 마주 갈라지는 꽃대가 나와 각 마디와 끝에 꽃이 달리며 수술이 4개 있다. 암꽃은 햇가지 위쪽에 1~3송이씩 달리며 암술이 1개 있다. 꽃잎은 없으며 꽃덮이가 4갈래로 갈라져 나온다.
열매	열매는 둥글고 10월에 단단한 핵으로 싸인 씨앗이 있는 지름 7mm 정도의 노란색, 붉은색, 붉은 갈색 순서로 여물고 성숙하면 단맛이 강하다.
수피 및 가지	어린 나무의 수피는 회갈색을 띠며 묵을수록 짙은 회색이 되고 멀리에서 보면 밋밋하나 가까이에서 보면 거칠다. 햇가지는 연한 녹색을 띠다가 점차 붉은 갈색이 되며 잔털이 있다가 없어진다. 묵으면 짙은 회색이 된다.
비고	어린이공원에서의 이용형태: 녹음·수경 갈라지는 일이 없어서 가구재·운동기구재로 많이 쓰이며, 조금만 풀기가 있어도 곰팡이가 끼고 곧 썩기 시작하는 재질의 특성으로 청결을 제일로 하는 도마의 재료로 가장 좋다.

향나무

Juniperus chinensis L.
(측백나무과)
Chinese Juniper

● 개화기 4~5월 / 결실기 9~10월

내력	한국(울릉도)·일본·중국에 분포하고 상나무·노송나무로도 부른다. 목재를 향으로 써왔기 때문에 향나무라고 한다.
형태	상록침엽교목으로서 높이 20m, 너비 3.5m에 달하고 가지가 상하고 향한다.
잎	어린 나무의 경우에는 바늘 모양으로 생긴 잎을 가지고 있으나 7~8년생 정도만 되면 바늘 처럼 생겼던 잎이 비늘 모양으로 변해 어린 잔가지는 완전히 비늘로 덮여 미끈해지고 부드 러워진다.
꽃	단성화이며 수꽃은 황색으로 가지 끝에서 긴 타원형을 이루고 4월과 5월에 핀다. 암꽃은 교대로 마주달린 비늘조각 안에 달린다.
열매	열매는 구과로 원형이며 흑자색으로 지름 6~8mm이다. 성숙하면 비늘조각은 육질로 되어 핵과 비슷하게 되고 2~4개의 종자가 들어 있고 다음해 9~10월에 익는다.
수피 및 가지	수피는 회갈색이고 세로로 얇게 조각조각 갈라진다. 새로 돋아나는 가지는 녹색이고 3년생 가지는 검은 갈색이다.
비고	어린이공원에서의 이용형태: 수경·차폐·산울타리 해독, 거풍, 소종 등의 효능을 가지고 있다. 적용질환은 감기, 관절염, 풍과 습기로 인한 통증, 습진, 종기, 습성 두드러기 등이다.

회양목
Buxus Koreana T.H. Chung & al.
(회양목과)
Box Tree

● 개화기 4~5월 / 결실기 6~7월

내력	예전에는 황양목(黃楊木)이라고도 불렀다. 석회암지대가 발달된 북한 강원도 회양(淮陽)에서 많이 자랐기 때문에 회양목이라고 부르게 되었다.
형태	키 작은 상록성의 활엽수이지만 때로는 7m 정도의 높이로 자라는 것도 있다.
잎	잎은 마주달리고 두꺼우며 타원형이고 끝이 둥글거나 오목하다. 중륵의 하반부에 털이 있고 가장자리는 밋밋하며 뒤로 젖혀지고 잎자루에 털이 있다.
꽃	꽃은 암꽃과 수꽃으로 구분되고 4~5월에 노란색으로 피어난다. 암수꽃이 몇 개씩 모여 달리며 중앙에 암꽃이 있다. 수꽃은 보통 3개씩의 수술과 1개의 암술 흔적이 있다. 암꽃은 수꽃과 더불어 꽃잎이 없고 1개의 암술이 있으며 암술머리는 3개로 갈라진다.
열매	열매는 삭과로 타원형이고 끝에 딱딱하게 된 암술머리가 있으며 6~7월에 갈색으로 익는다.
수피 및 가지	수피는 회색으로 줄기가 네모지다.
비고	어린이공원에서의 이용형태: 점경·생울타리 한방에서는 진해·진통·거풍 등에 약재로 이용한다. 회양목은 목질이 단단하고 균일하여 쓰임새가 많은 나무였다. 조선시대에 회양목은 목판활자를 만드는 데 이용되었으며, 호패, 표찰을 만드는 데도 이용되었다. 그리고 도장, 장기알 등에 이용되었다.

3 식재디자인 원리[20]

조경디자인은 수목이 가진 기능과 생태적 의미를 포함하여 초본류나 목본류와 같은 조경식물을 식재함으로써 미시각적, 생태적 의미를 부여하고, 식물을 이용하여 경관을 디자인하려는 사람이라면 누구나 몇몇 기본적인 디자인 원리를 적용한다. 이 원리는 건축, 인테리어 디자인, 그리고 다른 예술을 포함하여 모든 전문 디자인에 공통된 것이다. 아울러 이 디자인 원리는 균형, 균제, 반복, 통일, 대비, 축, 질감, 리듬 그리고 점진 등을 다양하게 사용하여 구성된다. 아울러 이 용어들은 모든 예술 작품의 미학적인 구성에 적용된다. 식재디자인에 있어서도 몇몇 특별한 기능 역시 미학적 전개와 함께 고려되어야만 한다.[21] 한편 배식(配植)이란 각종 조경식물 재료가 가지고 있는 고유의 아름다움, 형태에 따라 표현하고 디자인 원리에 따라 공간에 배치하는 기술을 말한다. 식재디자인은 대상공간의 규모, 특성 혹은 현황에 따라 조경식물을 적절하게 계획, 설계하는 하나의 과정으로서 식물이 가지고 있는 물리적 요소인 형태, 선, 질감, 색채와 함께 미적 요소인 균형, 균제, 반복, 통일, 대비, 축, 질감, 리듬 그리고 점진 등을 복합적으로 고려하여 공간의 완성도를 높이는 과정이다.

이러한 식재디자인은 조경식물 소재의 생태적·미적·기능적 특성에 대해 완벽하게 이해하는 것이 매우 중요하다. 아울러 대상공간의 기초적인 환경 분석 결과와 식재디자인이 잘 맞아야 대상지와 클라이언트가 만족하는 수목디자인 도면을 완성할 수 있다.

식재 양식은 정형식재/자연풍경식재/자유형식재로 구분할 수 있으며, 다음은 디자인의 기본원리인 균형, 균제, 반복, 통일, 대비, 축, 질감, 리듬 그리고 점진의 관점에서 수목디자인의 패턴을 관찰한 내용이다. 조경 식재디자인을 이해하는 데 조금은 도움이 될 것이다.

(1) 균형(Balance)

무의식중에도 우리는 우리가 바라보는 모든 것에서 균형을 찾고자 한다. 수목배식에

---

20   이현택(1997), 조경미학, 택림문화사 및 강현경 외(2013) 앞의 책 참고. 여기에 사용된 사진자료는 심현희 학생의 도움을 받았다.
21   Theodore D. Walker(1991), Planting Design, 강호철 역, 식재디자인, 도서출판 국제.

서 비대칭적 균형은 형태와 색상, 질감의 차이에서 형태상으로 균형 잡힌 느낌을 줌으로써 실현된다. 균형이라는 것은 보일 뿐만 아니라 느껴지는 것이기도 하다.

색상_ 색 자체가 중량감을 주기도 하지만 동일 색상

내에서도 명도에 따라 중량감을 줄 수 있다.

가벼워 보인다.

무거워 보인다.

가벼워 보인다.

무거워 보인다.

질감_ 질감의 차이로 중량감을 줄 수 있으며, 거친

질감의 수목과 균형을 이루기 위해서는 보다

많은 양의 섬세한 질감의 수목이 요구된다.

수목의 색상과 질감

그림 6-6

균형의 예

색상이라는 것은 풍경에 시작적인 중량감을 첨가함으로써 균형을 잡는 데 영향을 미칠 수도 있다. 색상 자체가 중량감에 영향을 주기도 하지만 동일 색상 내에서도 명도가 높은 색은 가벼워 보이고 낮은 색은 무거워 보이기 마련이다. 따라서 식재지의 한쪽 끝에

그림 6-7

균형의 예

균형의 예

밝은 색상의 수목을 심었다면 다른 한쪽 끝에는 다소 작고 어두운 색상의 수목을 심음으로써 시각적으로 균형을 이룰 수 있다.

질감 또한 거친 질감은 시각적으로 무거워 보이고 보드랍고 섬세한 질감은 가벼워 보인다. 동일한 공간 내에서 질감이 바뀔 때는 거친 질감을 나타내는 수목과 균형을 이루기 위해서는 보다 많은 양의 섬세한 질감을 주는 수목이 요구된다.

균형은 경관의 깊이에도 영향을 미치므로 전경, 중경, 원경의 경관에 있어서도 서로 간에 균형이 유지되어야 한다. 만약 경관이 균형을 잃게 되면 하나의 요소가 지배적이 되어서 전체적으로 구성을 깨뜨리게 된다.

(2) 균제(Symmetry)

균제의 어원은 'Symmetry'라는 그리스어로서 '자로 잴 수 있다'는 의미를 지닌다. 균형에서와 같이 설사 거리와 크기가 다르다 할지라도 시각적인 안정감만 주면 되는 것이 아니라 크기와 거리와 색상 등 모든 면에서 중심축을 기준으로 합동이 되는 것이기 때문에 시각적으로 안정되어 있는 균형의 가장 단순한 형태가 되는 것이다. 한 부분만 보아도 전체를 파악할 수 있기 때문에 이해도가 빠른 것이 균제의 특징이다. 그러나 무엇보다도

그림 6-9

균제의 예

균제된 조형은 좌우가 균형잡혀 있으므로 공평함과 엄숙함, 위엄의 초인적인 위력을 상징하게 되어 왕국이나 신전, 사찰 등에서 많이 사용되어 온 미적 요소이다.

조경의 구성은 형태와 공간을 두 가지 방법으로 구성하기 위하여 대칭을 활용할 수 있다. 먼저 대칭으로 완전한 평면구성을 할 수 있다. 또 다른 방법은 대칭 조건을 부지 일

그림 6-10

균제의 예

그림 6 - 11

균제의 예

부에만 만들고 그것을 중심으로 형태와 공간 패턴을 불규칙하게 구성할 수도 있다. 후자의 경우에는 건물을 대지나 프로그램상의 보기 드문 조건에도 적용할 수 있다. 규칙적이고 대칭적인 조건자체는 구성에 있어 보다 의미 있고 중요한 공간을 만들 수 있다.

(3) 반복(Repetition)

동일한 요소나 단위가 시간적, 공간적으로 되풀이 되어 일어날 때 이를 반복이라 한다. 반복의 원칙은 하나의 전체구성 속에서 반복되는 요소에 질서를 부여하기 위하여 이와 같은 두 가지 지각개념을 활용한 것이다.

반복의 가장 단순한 형태는 많은 요소들을 선형으로 배치하는 패턴이다. 각 요소들은 하나하나 완전한 개성을 갖지 않아도 되나 반복적인 양식으로 그룹이 형성되어야 한다. 다만 각 요소들은 각자의 독특함을 가진 반면에 전체에 속하도록 공통의 특징과 성질

그림 6 - 12

반복의 예

만을 공유한다. 형태와 공간이 반복적인 양식 속에서 구성될 수 있도록 하는 특징으로서
는 크기, 모양, 세부적 특성과 같은 것이 있다.

조경배식에서 반복은 특정한 식물재료뿐만 아니라 형태, 질감 또는 색상에서 보다 더
잘 나타날 수 있다. 같은 질감을 느끼게 하는 서로 다른 식물재료들을 부지 내에 반복 식
재함으로써 동일 질감이 반복되어 단순미가 나타난다. 이와 같은 방법으로 같은 색상을
나타내는 식물재료는 설사 그 종류가 다르다 하더라도 단순미를 살려준다. 식물재료의 형
태에 있어서의 반복성은 우리의 시선을 편안하게 유도하고 친숙한 경관을 만들어 준다.

그림 6 - 13

반복의 예

반복은 대개 각각의 식물들을 단일 수종으로 무리지어 여러 개 위치시킴으로써 얻어진다. 큰 규모의 경관에서 다양한 크기의 이들 무리들은 디자이너의 필요에 따라 반복된다.

동일한 식재형태를 반복하면 그 식물재료는 보다 강한 충격효과를 나타냄으로써 부지에 통일성을 더해준다.

(4) 통일(Unity)

통일에서 중요한 점의 하나는 전체가 부분보다 두드러져 보여야 한다는 것이다. 부분들은 상호 아무런 연관이 없는 것들의 집합체가 아닌 전체로서 지각될 수 있는 것이어야 한다.

시각적 통일감을 주는 방법에는 게슈탈트심리학에서 말하는 형태의 통합이 있다.

가로수를 식재할 때에도 가로변의 건축물이 큰 경우에는 주변에 식재되는 수목도 거기에 지지 않을 만큼 큰 수목(느티나무, 은행나무, 플라타너스 등)으로 하고 주택지 등과 같이 비교적 작은 건물일 경우에는 다소 작은 수목(단풍나무, 목련, 배롱나무 등)을 택해야 한다. 또한 가로변의 건물형태에 따라서 가로수를 선정하는 것도 가로경관을 향상하는 방안이 될 수 있다.

그림 6 - 14

통일의 예

그림 6 - 15

통일의 예

즉 가로변 건축물의 높이가 달라 통일감이 없고 산만할 경우에는 동일 수종의 가로수를 식재하여 수목에 의한 통일감을 주고 반대로 가로가 너무 통일되어 단조로운 경관이 되었을 때는 가로수의 수고에 변화를 주어 스카이라인에 변화를 줄 수도 있다. 아름다운 조형의 기본은 다양함 속의 통일이라는 것이 원칙이라 해도 좋을 것이다.

그림 6 - 16

통일의 예

(5) 대비(Contrast)

대비란 성질 혹은 분량을 달리하는 둘 이상의 요소가 공간적으로 또는 시간적으로 근접할 때 나타나는 현상이다. 예를 들면 크기의 대소, 길이의 장단, 강도의 강약 등이 있다.

대비는 반대, 대립, 다양함 등으로 우리의 흥미를 자극하고 흥분시키는 다이나믹한 효과를 지닌다. 흥미는 변화에 의해 생기고 변화는 균등치 않는 불균등에 의해 생긴다. 인간의 마음은 대조(대비)나 사물 사이의 상이점에 민감하게 반응한다. 이와 같이 다양한 상이가 아름다움을 증대시키는 것을 대비라 한다.

다시 말하면 서로 반대되는 요소가 개재되어 전체적으로 조화를 이루고 있는 형식이다. 이 경우 특정의 반대요소는 형이나 색상이나 방향 어느 것이라도 무방하다. 큰 것과 작은 것, 밝음과 어두움 등 상호 반대되는 요소가 가까이 있음으로 해서 서로의 성질을 더욱 강하게 부각시킨다.

이와 같이 대비는 서로 다른 요소가 근접함으로써 시각을 강하게 유인하는 효과가 있기 때문에 동적이고 신선한 감을 주며 초점을 만들 수 있으나 자칫 잘못 사용되었을 때에는 오히려 역효과를 가져와 경관을 산만하게 깨뜨려 이해하기 어렵게 만드는 경우도

그림 6-17

대비의 예

그림 6-18

대비의 예

있다.

(6) 유사(Similarity)

어느 형태의 부분, 상호간 또는 그 형태와 다른 형태 사이의 관계가 유사한가, 대비인가에 따라 아름답다고 느껴지기도 한다. 대비의 반대 개념이 유사라 생각해도 무방하다.

한편 대비는 앞서 살펴본 바와 같이 확실히 서로 다른 것을 표시하는 것이기 때문에 형태의 통합요인은 아니다. 그러나 복잡한 형태가 되면 통합적인 대비를 포함해야 한다.

건축과 같은 커다란 구조물이 모두 유사하게 통합되는 일은 없다. 지붕과 별의 색채가 대비를 이루든지 저층의 주택단지나 또는 마을의 중심에 교회의 탑이 솟아서 대비를 이루는 것이다. 위에서 말한 유사는 형태의 통합상에서 유동 요인으로 나타날 때와 마찬가지이다. 유사물이 모여서 알맞은 집단을 만드는 것은 자연계의 동물이나 식물, 광물의 분포에 있어서 공통적인 경향이다. 인종이건 어떤 수목의 종류이건 다수가 한곳에 모여서 동질적인 환경을 형성한다.

그림 6 - 19

유사의 예

(7) 축(Axis)

축은 디자인에 있어 형태와 공간을 구성하는 가장 기본적인 수단일지도 모른다. 축은 공간 속의 두 점이 연결되어 이루어진 하나의 선이며, 형태와 공간은 그것을 중심으로 규칙적으로 또는 불규칙하게 배열될 수 있다. 비록 눈에 보이지 않는 상상에 의한 것이지만 축은 힘 있고 탁월한 규칙수단이다. 축은 곧 대칭선이 될 수도 있지만 대칭이라 함은

그림 6 - 20

축의 예

그림 6-21

축의 예

균형이 요구되므로 그것과는 다르다.

축이 시각적 힘을 가지기 위해서는 축의 양 끝 부분이 종결되어야 한다. 축의 끝 부분에 목적물이 없다면 앞으로 진행함에 따라 공간의 질이 떨어지고 공간이 발산적으로 되어 박력이 생길 수 없다. 만일 공간의 끝에 목적물이라든지 무언가 사람을 긴장시키는 것이 있다면 진행하는 공간 내에도 박력이 생기기 쉽다. 이와 같이 외부 공간에 목표물 같은 것이 있으면 그만큼 공간에 매력이 생기며, 공간에 매력이 있으면 목표도 다시 강하게 되는 상호작용이 일어난다.

축선의 종점을 한 점으로써 축의 개념을 보다 강화시킬 수 있다. 이러한 종점은 평면상에서는 단순히 선일 수도 있고, 혹은 축과 일치하는 선형공간을 한정하는 수직면일 수도 있다. 또한 하나의 축은 형태와 공간의 대칭적인 배열로서도 이루어질 수 있다. 축의 종착요소는 시각적인 초점을 주고받는 데 기여한다.

(8) 질감(Texture)

디자인의 과정에서의 질감은 시각적 쾌감을 주고, 정서적인 성격을 제고하여 공간감을 창출함으로써 표현에서 감성을 자극하여 현실감을 제고하는 데 기여하는 조형요소이다.

그림 6 - 22

질감의 예

조경소재 중 나무, 자연석, 자갈 등의 자연재료와 벽돌, 콘크리트 등의 인공재료는 각각 다른 감정을 전달한다. 자연재료는 수십 년에 걸쳐 풍상에 닳은 부드러운 이미지를 그대로 느끼게 하는 반면, 인공재료는 무언가 거칠고 비인간적인 것을 느끼게 한다. 금속재료는 금속이 지닌 무겁고 차가우며 매끈한 것을, 직물에서는 따뜻하고 보드라운 느낌을 받는다. 선에서 주는 감정과 같이 매끈하고 보드랍고 고운 질감에서는 섬세한 여성적인 느낌을 받고 거칠고 무거운 질감에서는 우직한 남성적인 느낌을 받는다.

그림 6 - 23

질감의 예

　　같은 질감을 지닌 대상물도 감상거리에 따라 질감은 다르게 보인다. 때로는 가까이에서 보게 되면 아름다운 것도 상당한 거리를 두고 보게 되면 제대로 효과를 나타내지 못하는 경우도 있다. 가까이에서 보면 거친 질감도 멀어지면 거친 감이 소실되고 고운 질감으로 느끼게 된다. 따라서 특수한 수종의 잎이나 꽃 또는 특수한 형태의 자연석 등의 질감을 감상자에게 제대로 전달하기 위해서는 주 감상 지점에서의 거리관계에 유의해야 한다.

　　질감이 섬세하고 형태가 단순한 잔디나, 생장력이 없는 작은 크기의 피복재를 넓게 분포시키면 공간이 넓어 보이는 통합된 효과를 얻을 수 있다. 좀 더 거친 질감을 많이 사용하면 공간감을 줄어들게 즉, 공간을 작아 보이게 한다. 낙엽성 식물은 잎이 떨어지면 다른 질감을 보여 주게 된다. 그것들은 여름에는 섬세한 질감을 보여 주지만, 겨울에는 그 나무의 가지가 거친 질감을 보여 준다.

　　디자인에 있어서 질감은 매우 큰 시각적 특징이지만, 식물에 가까이 접촉할 때 손끝의 피부로도 느낄 수 있는 것이다. 어떤 잎들은 부드럽게 느껴지고 또 어떤 잎들은 거칠게 느껴진다. 나무껍질 역시 만졌을 때 부드러운 것에서부터 거친 것까지 다양하다.

(9) 리듬(Rhythm)

　　리듬의 어원은 '흐른다'는 뜻의 동사 rhein을 어원으로 하는 그리스어 rhythomos에서 유래한 것으로서 넓은 뜻으로는 시간예술, 공간예술을 불문하고 신체적 운동, 심리적, 생

그림 6-24

리듬의 예

리적 작용, 나아가서는 존재일반과도 깊이 연관되어 있다. 디자인에서는 선, 모양, 형태 또는 색상 등이 규칙적이거나 조화 있는 반복을 이루는 것을 의미한다. 그것은 디자인에 형태와 공간을 구성하기 위한 방법으로서의 반복과 기본개념이 동일하다.

거의 모든 조경양식에는 본질적으로 반복적인 요소가 혼합된다. 수목과 구조들도 일정한 차이를 두고 되풀이 되어 공간의 반복적 구조 모듈을 형성한다.

건축에서도 창과 문을 만들어 채광, 통풍이나 경관을 받아들이고 내부로 출입할 수 있도록 건물의 외벽에 반복적으로 구멍을 낸다. 공간은 건물 프로그램상 유사하거나 혹은 반복적인 기능적 요구를 수용하기 위해 되풀이 된다.

전체 경관이 한눈에 드러나는 경우보다 진입해 가면서 새로운 경관이 연속적으로 펼쳐질 때 훨씬 변화 있는 리듬감을 만들 수 있는 것이다.

(10) 점진(Gradation)

점진은 단순히 동일한 단위가 규칙적으로 되풀이 되는 반복보다는 훨씬 동적인 것으로 하나의 성질이 조화적인 단계에 의해 일정한 질서를 가지고 증가하거나 감소하는 것을 말한다. 이때의 일정한 질서는 급수적인 성질을 가지기 때문에 단순한 반복보다는 훨씬 아름답고 복잡한 미를 표현하며 흥미를 가지게 한다.

수목배식에 있어서도 특정한 형이 점차 커지거나 반대로 서서히 작아지는 형식으로

그림 6 - 25

점진의 예

큰 나무에서 점차 작은 나무로 또는 반대의 형을 이루는 것도 점진에 해당한다.

우리나라의 사찰이나 고궁에서 볼 수 있는 석탑들도 기단에서부터 층층이 올라갈수록 폭과 높이에 일정한 비례(체감비례)를 적용하여 서서히 줄어드는 점진현상을 응용함으로써 안정감 있고 균형 있는 미를 느끼게 한다.

앞서 설명한 반복과 점진은 어느 경우에도 특정의 인자가 단순히 복잡하든 간에 반복된다는 점에서 양자 모두 리듬을 낳게 된다. 따라서 크게 보면 점진도 리듬의 형식에 포함될 수 있는 것이다.

4 식재디자인[22]

이러한 식재디자인의 원리를 바탕으로 하여 식재디자인은 먼저 수목의 쓰임새에 따라 공간을 세부적으로 나누는 작업부터 진행한다. 그리고 디자인개념에 따라 대략적인 수목의 배치가 결정된다. 구체적인 수목의 규격과 수종은 기본설계과정에서 이루어진다.

그림 6 - 26

식재디자인의 예

---

22 그림 6-28부터 6-33은 Booth, N.(1983), Basic Elements of Landscape Architectural Design, Elsevier Science Publishing, N.Y., pp.116-117, pp.121-123.

그림 6 - 27

식재디자인의 예

식재디자인은 기본적인 식재개념도를 작성하고 그것을 바탕으로 교목과 관목 그리고 상록수와 낙엽수의 구분, 대략적인 수목의 규격과 수형 그리고 식재할 수목의 기능 등을 개념적으로 표현한다. 그리고 수목은 많은 수목을 배치하기보다는 적절히 비우고 적절히 모으면서 주변의 지형이나 물이나 돌 등 다른 공간 요소와 어우러지게 식재디자인을 한다. 수목은 홀수로 식재하는 것이 짝수로 식재하는 것보다 공간구성과 균형잡기에 더 유리하다. 그리고 상록수는 통상 짙고 거친 질감 때문에 낙엽수보다 무겁고 단조로운 느낌을 준다. 따라서 상록수를 배경으로 사용하고 낙엽수와 적절하게 섞어주면 계절의 변화와 상응하는 멋지고 자연스러운 외부공간을 창조할 수 있다.

그림 6 - 28

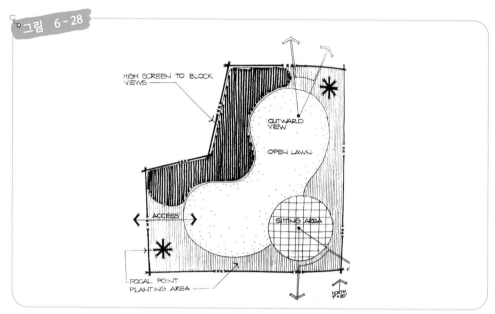

수목기능 다이아그램

그림 6 - 29

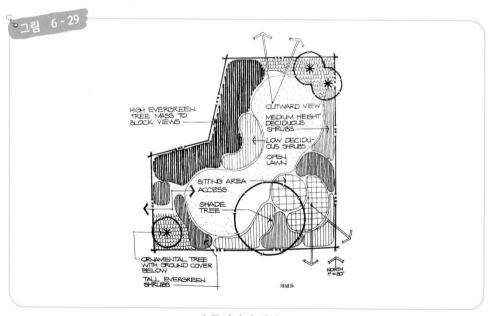

수목디자인 개념도

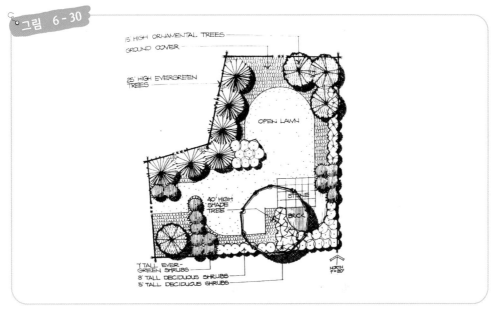

수목디자인 기본계획도

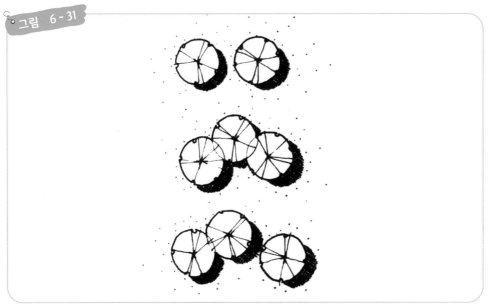

짝수의 식재구성은 분열되기 쉽기 때문에 홀수로 심어 통일시킨다.

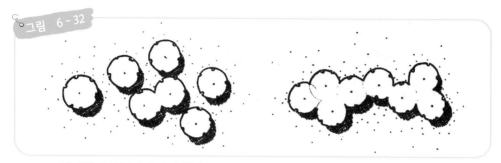

그림 6 - 32

개개의 수목들이 흩어져 있다.　　　수목이 적당한 군락을 이루고 있다.

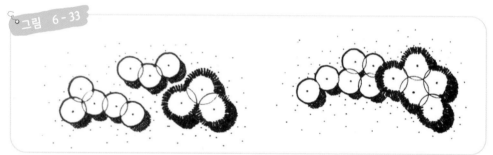

그림 6 - 33

군락이 서로 떨어져 버려진 공간을 만들었다.　서로 다른 종의 식물이 집단을 이루고 있다.

그림 6 - 34

상록수를 배경으로 사용하고 낙엽수와 적절하게 섞어주면 계절의 변화와
상응하는 멋지고 자연스러운 외부공간을 창조할 수 있다.

5 자연적 감시를 고려한 식재디자인의 예

안전한 어린이공원에서 가장 중요한 것은 자연적 감시를 고려한 식재디자인일 것이다. 자연적 감시는 어린이공원의 식재디자인을 할 때 일반인들에 의한 가시권을 최대화하는 전략이다. 우리의 법에도 자연적 감시를 내·외부에서 시야가 최대한 확보되도록 계획·조성·관리해야 함을 강조하고 있다. 자연적 감시를 고려한 식재디자인의 몇 가지 사례를 소개한다.

자연적 감시가 잘 이루어진 식재디자인: 시원한 시선은 어린이를 위한 자연적 감시에서 매우 중요하다.[23]

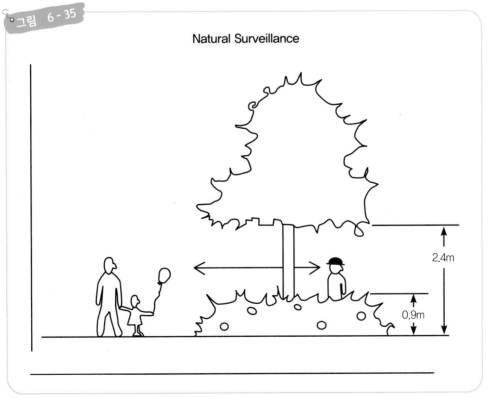

그림 6 - 35

Natural Surveillance

2.4m

0.9m

자연적 감시를 고려한 식재디자인

23 http://nelson.govt.nz/services/community/safe-city-nelson/crime-prevention-environmental-design

– '안전한 도시'를 추구하는 뉴질랜드의 크라이스트처치시(市)의 해글리 공원은 면적 55만여 평의 방대한 규모이다. 수풀이 울창하지만 밤에도 안심하고 어느 곳이든 다닐 수 있다. 공원은 전체적으로 중앙에 대형 잔디밭이 있고 그 주변을 따라 나무가 심긴 형태이다.

나무는 대부분 성인 남자의 눈높이보다 높은 곳부터 가지가 뻗어 있다. 나무 때문에 시야가 가리는 것을 막기 위해 가지치기를 한 것이다. 수풀이 우거진 곳을 따라 산책로를 낼 경우 산책로와 수풀 사이에 시내를 만들어 차단막을 형성했다. 수풀에서 갑작스레 치

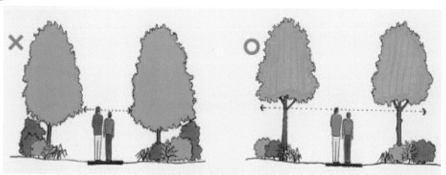

크라이스트처치시(市)의 공원 조경에서는 보행자의 시야가 가리지 않도록 0.7~2m의 나무는 모두 가지치기를 하도록 규정하고 있다. 나무가 울창하게 우거져도 시야가 가리는 으슥한 곳이 없기 때문에 범죄 예방 효과가 높다.

크라이스트처치시(市)의 가로등은 차도뿐만 아니라 인도도 함께 비추는 디자인으로 설계돼 시민들이 마음 놓고 밤거리를 걸을 수 있다.

자료: 크라이스트처치시(市)

크라이스트처치시의 자연적 감시를 고려한 식재디자인의 예

한 등이 튀어나오는 위험을 줄이기 위해서다. 산책로를 따라 배치된 의자도 얼굴이 길 쪽을 향하게 앉을 수 있도록 했으며 주로 공원 전체와 주변 경관이 훤히 보이는 방향으로 설치됐다. 인적이 드문 소로(小路)는 가급적 만들지 않고 주 산책로와 몇 개의 간선 산책로(escape routes)가 연결되는 형태로 이뤄졌다.

크라이스트처치시(市)는 도시 설계를 통해 범죄를 예방하기 위해 '환경 디자인을 통한 범죄예방(CPTED · Crime Prevention Through Environmental Design)'의 원칙을 마련해 놓고 있다. 시청 도시 디자인팀의 해나 레스웨이트 씨는 "공원 내 시설물의 위치, 시야 확보, 산책로 조성에 조금만 신경을 써도 공원 내에서 일어나는 범죄가 상당히 줄어든다"고 말했다.[24]

자연적 감시의 개념을 도입하기 전: 집 앞과 거리의 관목이 너무 자라서 집에서 그리고 거리에서 아이의 모습을 볼 수가 없다.[25]

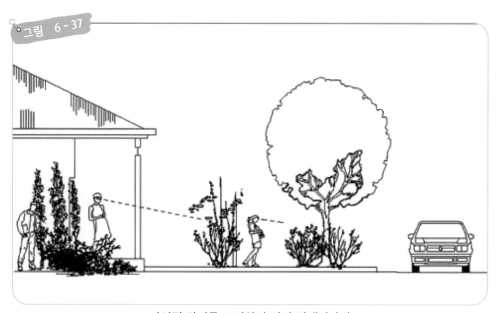

그림 6 - 37

자연적 감시를 고려하기 전의 식재디자인

24 http://news.donga.com/List/Series_70020000000206/3/70020000000206/20060127/8269976/1
25 http://cpted-chronicles.tumblr.com/

자연적 감시를 고려한 식재디자인 및 조명

자연적 감시의 개념을 도입한 후: 집안에서 그리고 거리에서 아이의 노는 모습이 잘 보인다. 시원한 시선과 밝은 조명은 자연적 감시에서 매우 중요한 요소이다.

CHAPTER

7

안전한 어린이공원

최근 김수봉(2013)[1]은 대구시 도시공원의 대다수를 차지하고 있는 어린이공원 중 달서구에 위치한 미리내공원, 목련공원, 샛별공원, 은하수공원을 대상으로 CPTED 이론을 적용하여 이용자의 안전 만족도를 조사하였다. 그리고 다섯 가지 CPTED 설계원칙에 따른 14개 항목의 체크리스트를 바탕으로 CPTED 설계원칙에 따른 물리적 환경 적합도를 분석하여 안전한 어린이공원을 위한 개선방안을 제시하였다. 그 내용을 요약하면 다음과 같다.

우선 설문조사를 통한 어린이공원 이용자의 심리적·물리적 안전 만족도를 조사하였는데, 응답사의 절반 이상이 공원에서의 범죄발생에 대하여 심리적·물리적 불안감을 느끼는 것으로 조사되었다. 공원별로는 미리내공원, 은하수공원, 목련공원, 샛별공원의 순으로 심리적·물리적 불안감이 높은 것으로 조사되어, 물리적 안전에 대한 낮은 만족도가 심리적인 범죄 불안감을 증가시킬 수 있는 것으로 판단되었다. 또한, 도시공원·녹지의 유형별 세부기준 등에 관한 지침을 바탕으로 다섯 가지 CPTED 설계원칙에 따른 14개 항목의 체크리스트를 작성하여 현장 조사를 통한 범죄예방 환경설계의 물리적 환경에 관한 문제점을 찾고 종합적으로 분석하였다. 그 결과 다섯 가지 설계원칙 중 〈활동의 지원〉이 가장 높은 물리적 환경 적합도를, 〈영역성 강화〉도 보통 이상의 적합도를 나타내었으나, 〈감시강화〉, 〈유지관리〉, 〈접근통제〉에서는 보통 이하로 나타나 공원의 범죄예방을 위해서는 이러한 측면, 즉 〈감시강화〉, 〈유지관리〉, 〈접근통제〉를 강화한 어린이공원의 재정비가 필요한 것으로 분석되었다.

이러한 분석을 바탕으로 향후 기존의 공원을 재정비할 경우 범죄예방을 위해서는 특히 다음과 같은 사항이 조경설계 시 고려되어야 할 것으로 판단된다.

첫째, 관목의 경우 1~1.5m, 교목일 경우 지하고 1.8m 이상의 수목을 식재하여 시야 확보를 통한 자연적 감시가 이루어지도록 해야 한다.

둘째, 공원 내에 CCTV를 설치하여 기계적 감시를 강화하고, 경고문 부착, 관리사무실 설치 등 범죄자를 미리 차단시키는 접근 통제가 이루어져야 한다.

셋째, 공원 경계에 설치하는 담장은 투시형으로 설치하며, 높이는 1.5~1.8m로 제한하고, 생울타리를 식재할 경우 수고를 1~1.5m로 제한한다.

넷째, 공원 안내판은 주출입구의 잘 보이는 곳에 설치하며, 이용준수사항, 공원이용

---

1   김수봉·엄정희·허진혁(2013), 도시공원의 물리적 환경개선을 위한 CPTED 이론 적용에 관한 연구, 한국조경학회 추계학술대회 논문집 44쪽.

시간, 금지사항 등의 내용을 기재해야 한다.

다섯째, 공원 내·외부의 환경 정리를 철저히 하여 항시 깨끗한 상태를 유지하고, 공원 주변을 주차금지구역으로 지정하여 차량으로 인한 내부 감시 차단을 방지하며, 건물, 시설물, 수목 등으로 인한 사각지대가 발생하지 않도록 지속적으로 관리해야 한다.

여섯째, 공원 내의 시설물에 대한 유지관리를 철저히 하며, 훼손된 시설물에 대해서는 빠른 시일 내에 보수 및 교체가 이루어져야 한다.

이 연구는 조사대상지를 대구시 달서구에 위치한 어린이공원 4곳으로 한정하였기 때문에 모든 도시공원에 적용할 수 있는 결과를 도출하기 위해서는 보다 다양한 유형의 공원을 대상으로 한 연구가 필요하다. 특히, 범죄에 취약한 계층인 어린이 및 노약자 중심의 설문조사 및 이들의 행태에 따른 현장조사가 강화된다면 보다 유용한 결과가 도출될 수 있을 것으로 생각된다. 또한, 도시공원의 개별적인 물리적 환경과 범죄불안감과의 직접적인 관계를 파악할 필요가 있는데, 물리적 환경에 따른 이용자들의 이용 행태가 어떠한 유형의 범죄에 대한 불안감을 유도하는지 파악한다면 보다 구체적인 범죄예방 설계방향이 제시될 수 있을 것으로 판단한다.

이상의 달서구 어린이공원의 연구를 기초로 하여 2013년 2학년 2학기 공원녹지디자인스튜디오(I) 시간에 학생들과 함께 2013년 9월부터 12월까지 3개월간 대구시의 여러 어린이공원을 대상으로 셉테드의 관점에서 기존의 어린이공원의 문제점을 분석하였다. 분석과정에서 발견된 여러 문제점을 조경학적 관점 특히 식재계획, 시설물계획 그리고 조명계획 등을 중심으로 이용자 안전을 위한 어린이공원을 새롭게 계획하고 디자인해 보았다. 스튜디오시간에 학생들에 의해 선정된 대상지와 프로젝트명 그리고 참여 학생명단을 요약하면 표와 같다.

	프로젝트 명	참여 학생	대상지
1	An Eye-Catching, 시선이 머무는 곳에	원민희 최정수 홍유진	수성근린공원
2	Be Free ! 자유로운 공원, 안전한 공원	박지은 이정규 장지연 정해린	삼익공원
3	Green Safeguard	박하경 정은아 조희준 한샛별	범물 어린이공원
4	Green Zone	고혜경 김지나 이윤구	무학 어린이공원
5	Share Box	강다운 김민지 김상동 박민주	무지개 어린이공원
6	Play Safety	서다예 양윤경 윤송이	두리 어린이공원
7	도담도담 : 어린아이가 별탈없이 잘 자라는 모습	김미진 김민성 김지은 하지현	샛터 어린이공원

지금부터 프로젝트에 참가한 그룹 중에서 수성근린공원, 삼익공원 그리고 범물어린이공원의 셉테드를 고려한 안전한 어린이공원 계획내용을 소개한다.

An Eye-Catching, 시선이 머무는 곳에

원민희, 최정수, 홍유진

7

수성근린
공원

1
수성근린
공원

CONTENTS

들어가기

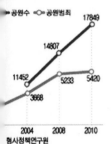

공원·공원범죄 건수 추이

공원수 　공원범죄

17849

14807

11452

5233 5420

3668

2004　　2008　　2010
형사정책연구원

　　최근 급격한 도시화로 도시 내의 범죄발생 수가 증가하고 있는 추세다.
특히 공원의 특성상 불특정 다수의 유입이 가능하기 때문에 청소년범죄, 강력범죄, 절도범죄, 성범죄등
다양한 유형의 범죄 발생 장소로 이용될 우려가 있다.
경찰청에 따르면 2001년 부터 2010년까지 약 2배 증가한 것으로 나타내어 공원에서의 범죄가 증가하는
추세이며 이는 지역마다 공통적으로 나타나고 있다.
그중에서도 아동 청소년 범죄가 다수를 차지하고 있다. 어린이들이 뛰어 놀아야 할 공원이 범죄의
사각지대로 변질되어 위험하고 불안한 장소라는 인식에 근거해서 시민들의 이용을 통제하는 것은
바람직하지 못하기 때문에, 공원을 안심하고 자유롭게 이용할 수 있는 공간으로 조성하는 것이
바람직할 것이다.
이러한 관점에서 공원의 장소적 특성을 고려한 CPTED 원리를 적용하여 어린이 공원을 재구성 하였다.

참고) 허진혁, "도시공원의 물리적 환경개선을 위한 CPTED 이론 적용에 관한 연구"

7
수성근린
공원

▌흐름읽기

대구 수성구에 국내 최초로
나일론 공장 건립

공장으로 인해 여러 공해가 우려됨

구미 공단으로 공장 이전

공장 부지 중 약 1500평의
공원부지 확보

주민들을 위한
수성 근린공원 조성

공원의 부적절한 이용자들로
범죄 증가

환경설계를 통해 범죄 예방

안전하고 깨끗한 공원을 통해
세대 간의 조화 형성

대상지

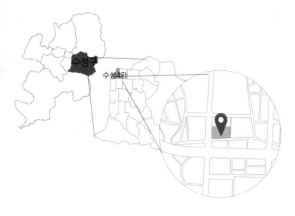

수성근린공원

위치 : 대구광역시 수성구 수성4가 1090-15번지
조성시기 : 2004년
면적 : 4960㎡
대구시청과의 거리 : 1.7km

매일 신문 2004년 8월 4일 기사
"수성근린공원 조성"

수성구청이 수성 4가 대구은행 본점 동편 구 코오롱부지에 '수성근린공원'을 조성, 새로운 도심 속
쉼터로 자리잡을 전망이다. 총 1천 500여 평에 달하는 수성근린공원에는 지난 달 중순까지 3억 원의
예산을 투입, 시원한 그늘을 만들어줄 수목과 체육시설을 설치했다. 소나무 100여 그루, 왕벚나무
42그루, 장미, 영산홍, 배롱나무 등이 등의자와 어울려 아름다운 산책공간으로 조성됐고, 등의자,
허리돌리기 팔굽혀펴기, 윗몸 일으키기 등 체육기구도 마련됐다. 도시관리과 강용태 담당은 "앞으로도
공한지나 자투리땅을 소공원으로 조성하는 사업을 지속적으로 추진할 것"이라고 밝혔다.

7
수성근린
공원

■ 이용자 분석

날짜 / 1차 _ 2013. 9. 25 (수) PM 1 :00 ~ PM 2 :30
　　　2차 _ 2013. 9. 29 (일) PM 6 :30 ~ PM 8 :00
　　　3차 _ 2013. 10. 25 (금) PM 3 :00 ~ PM 4 :00

조사 방법 / 설문조사

조사 대상/ 공원에 10분 이상 머무는 이용자, 총 30명

<설문지>
1. 귀하의 성별은 무엇입니까?
　□ 남자　　□ 여자
2. 귀하의 나이는 어떻게 되십니까?
　□ 9세 이하　□ 10대　□ 20대　□ 30대　□ 40대　□ 50대 이상
3. 귀하가 주거하는 주거지는 어떻게 되십니까?
　□ 우방팔레스주상복합　　□ 우방사랑마을아파트　□ 수성롯데캐슬
　□ 화성수성하이츠　　□ 기타
4. 귀하는 이 공원을 일주일에 몇 번 이용하십니까?
　□ 1회 이하　□ 1~2회　□ 3-4회　□ 4-5회　□ 거의 매일
5. 귀하의 이 공원을 이용하는 목적은 무엇입니까?
　□ 휴식　□ 운동　□ 놀이　□ 친목도모　□ 기타
6. 귀하는 이 공원을 방문하셨을 때 머무는 시간은 얼마나 됩니까?
　□ 10분 미만　□ 10분-30분　□ 30분-1시간　□ 1시간 이상

설문에 응해주셔서 대단히 감사합니다.
- 계명대학교 생태조경학과 -

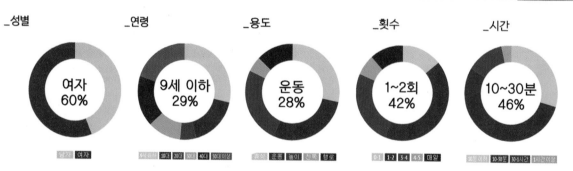

　_성별　　　　　_연령　　　　　　_용도　　　　　　_횟수　　　　　　_시간

여자 60%　　9세 이하 29%　　운동 28%　　1~2회 42%　　10~30분 46%

남자 여자　　9세이하 10대 20대 30대 40대 50대 이상　　휴식 운동 놀이 친목 향로　　0-1 1-2 3-4 4-5 매일　　10분 이하 10-30분 30-1시간 1시간 이상

　　조사 결과에 따르면 남녀 비율 중 여성이 많게 나타났고 남성 분포에서는 유년층, 여성 분포에서는 노년층, 즉 사회적 약자층의 분포가 많이나타남을 알 수 있었다. 이들에게 안전하고 쾌적한 환경을 제공하기 위하여 환경설계를 통한 범죄예방 이론을 도입할 필요가 있다.

물리적 분석

외부 환경 분석

_동선

_교통

_도시지역분류

_교육 및 놀이시설

300m

300m

300m

300m

■ 주동선　■ 보조동선　　🚇 지하철　🚌 버스　　◻ 일반주거지역　◻ 준 주거지역　🧗 놀이터　🅰 어린이집
　　　　　　　　　　　　　　　　　　　　◻ 근린공원　◻ 근린상업지역　👨‍👨‍👦 학원　⛪ 학교

내부 환경 분석

_내부 동선

_녹지

_인공물

_공간구성

운동공간

운동공간

휴식공간

생태적 분석

_식재 현황

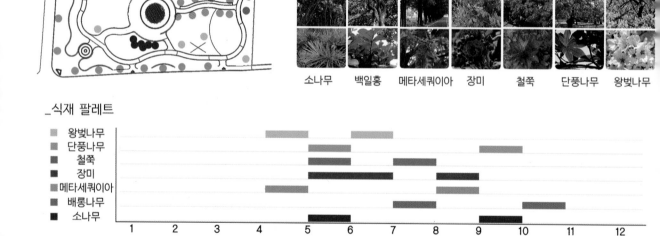

소나무　백일홍　메타세쿼이아　장미　철쭉　단풍나무　왕벚나무

_식재 팔레트

	1	2	3	4	5	6	7	8	9	10	11	12
왕벚나무												
단풍나무												
철쭉												
장미												
메타세쿼이아												
배롱나무												
소나무												

소나무, 백일홍, 메타세쿼이아, 장미, 철쭉, 단풍나무, 왕벚나무 등 7종류의 수목들만 식재되어 있었고, 다채롭지 못한 식재들로 계절감을 표현하기에는 한계가 있었고, 새들의 은신처 및 먹이를 제공하는 유실수가 적게 나타났다.

생태적 분석

조경의 목적인 자연미를 도입하기 위해서는 조경디자인의 기본요소인 7E에 대한 이해가 선행조건이다.
7E란 조경디자인의 7가지 주요 디자인 요소(Design Elements) 즉 자연과의 관계를 축소하는 매개로 예컨대 지형,
식물재료, 바닥포장재료, 물, 시설물, 돌 그리고 건축요소(혹은 철) 등을 말한다. 7E를 분석한 결과 물, 돌, 건축요소는
찾아볼 수 없었다. 다채롭지 못한 식재는 다양한 형태와 느낌을 제공하지 못하였으며 무분별한 식재로 인해 영역간의
경계를 짓거나, 개인적 공간을 마련하는 공간분할의 기능의 역할에서 부족한 부분이 다소 보였다.

_시설물

운동시설 벤치 파고라 식수대 가로등

_바닥포장

판석 벽돌

_지형

평탄형 구릉

_분포현황

■파고라 ■운동기구 ■벤치 ■가로등 ■식수대

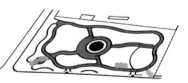

■벽돌포장 ■판석

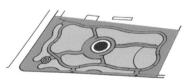

■ 평탄형 ■ 구릉

▌컨셉

playground
mineanything
joy
out animal funny imagin confidence
self image
it op game answer
do
make your rule
children make feel why
whatever make feel free
solution friend exit what
sense move curious jump
wings think

CPTED

CPTED란 'Crime Prevention Through Environmental Design'의 약어로 '환경설계를 통한 범죄예방'이라고 한다. 범죄를 저지를 수 없는 물리적 환경을 조성하여 범행을 더 어렵게 만들어 거주자에게 안전하게 생활할 수 있는 환경을 만들어주는 것을 의미한다. 이러한 형태적 효과는 범죄 행동을 유도하는 물리적 환경특성을 변경시켜 특정지역의 방어공간특성을 증가시킴으로써 범죄에 대한 위험성을 높이는 것이다.

자연적 접근통제
사람들을 일정한 공간으로 유도하고
허가받지 않은 사람들의 출입을
차단하는 것

영역성
어떤 지역에 대해 주민들이 자유롭게
사용, 점유함으로써 권리를 주장하는
영역을 만드는 것

자연적 감시
가시권을 최대한 확보하여
자연감시가 이루어지도록 하는 것

**CPTED의
5가지 원칙**

활용성의 증대
다양한 시설물 설치를 통해 다양한
계층의 사람들이 다양한 시간에 이용할
수 있는 환경을 조성하는 것

유지 · 관리
건물, 시설물, 공공장소 등을
초기 상태를 유지하여 지속적으로
이용 가능하도록 하는 것

▋ CPTED 사례

'예술' 입은 뒷골목, 범죄가 사라졌다
범죄예방디자인 도입 1년… 염리동 골목길의 변화

서울 마포구 염리동에 사는 방모(71)씨는 요즘 좀도둑 걱정 없이 지낸다. 이곳은 1년 전만 해도 낡은 다세대주택이
다닥다닥 붙어있어 절도범들의 범행 표적이 되는 일이 잦았다. 하지만 칙칙한 색깔의 골목 담벼락이 갖가지 색으로
단장해 산뜻해지는 등 분위기가 밝아진 뒤로는 이런 걱정을 하지 않게 됐다. 방씨는 "예전에는 밖에 차를 세워놓으면
긁고 가는 일도 많았는데, 지금은 거의 사라졌다"면서 "동네가 참 좋아졌다"고 말했다 .(중략).
범죄가 잦았던 우중충한 골목길은 밝고 화사한 느낌의 '소금길'이라는 산책로로 새롭게 태어났다. 위급 상황에 처한
사람이 언제든 찾아가 도움을 청할 수 있는 '소금지킴이집'도 6곳에 마련했다. 재개발이 예정돼 있는 이 지역 주민들은
범죄예방디자인 실험사업 1년이 지난 현재 "이렇게 달라지면 재개발이 필요 없겠다"는 말을 할 정도로 만족하고 있다.
범죄예방효과는 수치로도 나타난다. 예방디자인 적용 시점을 전후해 주민과 학생, 교사를 상대로 설문조사한 결과
염리동 주민들의 범죄에 대한 두려움은 디자인 적용 후 9.1%포인트 감소했다.

CPTED 관점에서의 분석

날짜 / 1차 _ 2013. 9. 25 (수) PM 1 :00 ~ PM 2 :30
2차 _ 2013. 9. 29 (일) PM 6 :30 ~ PM 8 :00
3차 _ 2013. 10. 25 (금) PM 3 :00 ~ PM 4 :00

조사 방법 / 설문조사

조사 대상/ 공원에 10분 이상 머무는 이용자, 총 30명

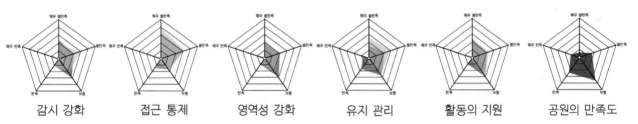

| 감시 강화 | 접근 통제 | 영역성 강화 | 유지 관리 | 활동의 지원 | 공원의 만족도 |

분석자 측정 값   이용자 측정 값

위 설문조사를 통해 수성근린공원은 CPTED관점에서 접근통제와 감시강화가 가장 취약한 것으로
나타났다. 공원 내 부적절한 행위에 대한 CCTV나 표지판 등의 설치가 미흡하였고, 부지 면적당 가로등
보유 개수가 적고 무분별한 식재 계획으로 인해 자연저감시에 어려움이 있었다. 따라서 공원의 만족도는
보통이라는 답변이 가장 많았다.

오감(五感)

안전하게 재조성한 어린이공원은 우리에게 푸르른 자연의 시각을, 향기로운 후각을, 조용한 자연의 청각을, 새콤달콤한 열매의 미각을, 시원한 바람의 촉각을 주는 다섯 가지 감각인 '오감'을 느낄 수 있게 한다.

분석 도출

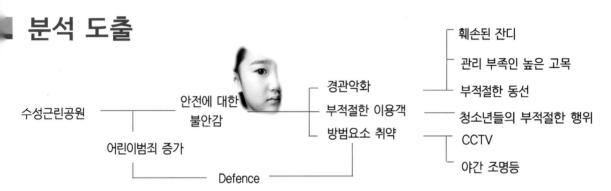

수성근린공원 ── 안전에 대한 불안감 ── 경관악화
어린이범죄 증가 ── 부적절한 이용객
Defence ── 방범요소 취약

훼손된 잔디
관리 부족인 높은 고목
부적절한 동선
청소년들의 부적절한 행위
CCTV
야간 조명등

수성 근린공원은 어린이 범죄가 늘어남에 따라 자연스레 안전에 대한 불안감을 가지게 된다. 이러한 불안감을 조성하는 요소로는 '경관 악화', '부적절한 이용객', '방범요소 취약' 과 같은 요소로 인해 조성된다. 훼손된 잔디, 관리 부족인 높은 고목과 부적절한 동선 등으로 경관이 악화되고, 청소년들의 부적절한 행동과 이용으로 안전을 위협하고 CCTV와 야간 조명등이 부족해 방범요소가 취약하였다.

분석 종합

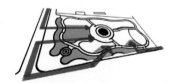

부적절한 동선으로 인해 잔디가 훼손되어 경관 악화를 불러올 뿐만 아니라 영역성 또한 약화시킨다.

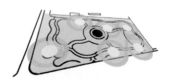

부지 면적당 가로등 개수가 부족하여 자연감시와 활동의 지원에서 취약한 점이 보인다.

종합적으로 공원에서 안전을 경감시키는 영역들이 전반적으로 발견되었다.

1
수성근린
공원

공간구성

A Plan

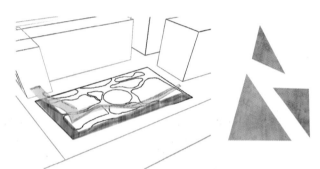

지속된 출입과 음수로 훼손된 잔디를 콘크리트 블럭으로 포장해 줌으로써 최소의 관리뿐만 아니라 어디서나 자유롭게 공원에 출입할 수 있다.

음지에 자라지 못하는 잔디들은 음수에도 잘 자라는 음지피식물로 대체를 해준다. ex) 맥문동, 원추리

공간구성

B Plan

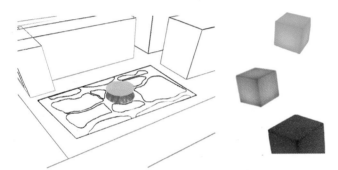

공원 가운데 위치한 광장은 공원을 이용하는 사람들에게 결절점역할을 한다. 야간에는 사람들의 시야확보와 사각지대를 없애 줄 것이다.

일정 구역마다 장착된 센서가 사람의 움직임을 읽어 그 발자취를 불빛으로 보여준다. 사람들은 이 불빛을 따라 갈 수도 있고 재미있는 모양도 만들어내면서 색다른 경험을 할 것으로 보인다.

공간구성

C Plan

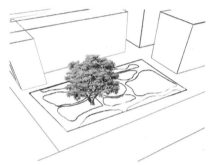

어린이들이 해먹과 같은 그물 형태의 놀이물로 다른 곳에서는 느낄 수 없는 경험과 아이들만의 놀이들을 스스로 만들 수 있는 환경 조성을 해줌으로써 생동감 넘치는 놀이터가 될 것으로 기대된다.

부지에 자리잡고 있던 고목을 활용한 놀이시설로 시야를 차단하는 요소를 역으로 가장 주목받는 요소로 뒤바꿈으로써 멀리서 지나가던 사람들도 아이들의 놀이를 볼 수 있을 것이다. 또한 나무와 가까이 놀이를 즐김으로써 나무가 주는 교육적, 놀이적 측면과 같은 긍정적인 효과를 기대할 수 있을 것이다.

종합계획

_범례
1 가로등
2 파고라
3 벤치
4 광장
5 놀이터

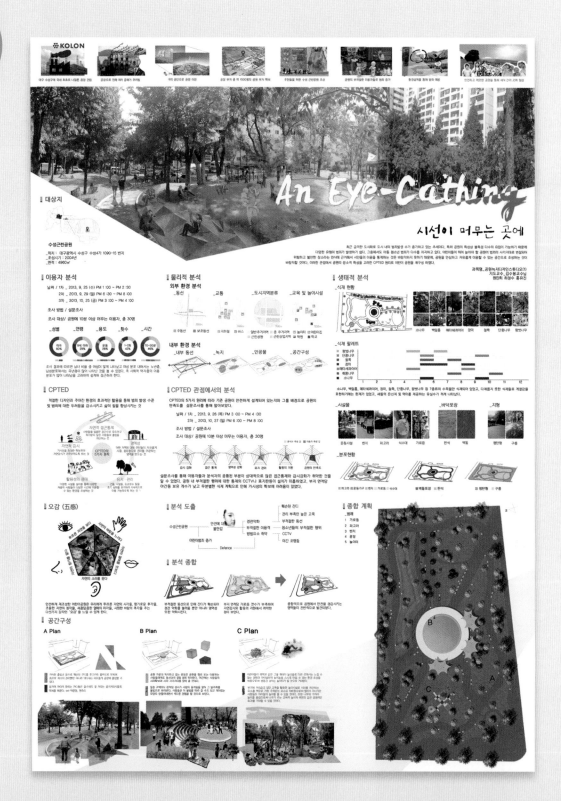

식재 계획

_식재 수종의 선택시 고려사항

구분	검토사항
식물 생육적 측면	-건강하고 잘 자라며, 빨리 자라는 수목 및 초화류 선정 대기오염에 강한 수종으로 생육환경이 열악한 도시환경에 견디는 식물을 선정
경관적 측면	-값이 싸면서도 수형, 꽃, 과실이 아름다운 식물 -전체적으로 다이나믹한 감각을 주고, 명암이 강한 식물이나, 계절의 변화가 뚜렷하고 색채가 밝은 식물 식재
교육적 측면	-도시어린이로 하여금 발아, 개화, 결실, 낙엽을 관찰할 수 있게 하며, 제초, 관수, 겨울의 수목관리 등에 직접 참여시켜 기술을 습득하게 하거나 실질적인 공부가 될 수 있는 수종 -교육적 가치에 유의할 것. 특히 초등학교, 중학교 교과서에 나오는 식물을 고려하여 식재
위해성 측면	-가시나 유독성이 없는 식물을 선정 -심한 냄새가 나거나 즙이 나는 식물, 꽃가루가 심하게 날리는 식물을 지양
관리적 측면	-유지관리가 용이하고, 어린이들의 장난이나 과도한 답압에 견딜 수 있는 식물선정 -병충해에 강한 것, 특히 벌레가 많이 생기지 않는 식물을 선정

참고) 정민영, 아파트 단지 내 어린이 놀이터 환경조사 및 평가를 통한 개선방안

식재 계획

_어린이 놀이터 식재 식물의 기능

구분	내용
놀이기구의 기능	-놀이 활동의 범위를 넓히는 역할 -나무 위에 올라 나무 위에서 놀기도 하고, 숨바꼭질을 할 때 나무나 덤불을 이용하여 탐색 활동을 함 -극화놀이의 소품으로 활용, 비구조적인 놀잇감으로 사용
학습의 기능	-어린이에게 다양한 결, 향기 및 색체에 대해 탐색할 수 있는 기회를 제공 -야생동물들이 서식할 수 있는 공간을 제공하여 이를 관찰할 수 있는 기회를 제공 -계절에 따라 변화하기 때문에 어린이에게 시간의 흐름에 따라 자연이 어떻게 변하는지를 알게 해 줌
공간분할의 기능	-식물을 이용하여 영역간의 경계를 짓거나, 개인적 공간을 마련함으로써 좀 더 다양한 형태와 느낌의 공간을 구성
사회적 환경 제공의 기능	-나무나 큰 바위, 연못, 덤불숲 등은 어린이들에게 편안함을 주며 사회적 상호작용이 일어나도록 지원하고 식물을 이용하여 다양한 사회적 환경을 제공할 수 있음
미기후 조절의 기능	-기후조건을 완화시키는 역할 -그늘을 제공하고 바람을 막아주는 역할을 함

참고) 정민영, 아파트 단지 내 어린이 놀이터 환경조사 및 평가를 통한 개선방안 : 서초 · 강남구를 중심으로

식재 계획

_어린이 놀이터 식재 시 주의해야 할 식물소재

아주까리열매

장군풀

벚나무

철쭉

능소화

주목

식물 이름	독성부위	미치는 영향
노박덩굴	열매	· 입안에 상처를 입음 · 구역질, 구토, 어지러움, 발작적경련
애기미나리아재비	모든 부분	· 소화기간 장애, 구역질, 구토
아주까리열매	콩깍지처럼 생긴 부분	· 독성이 매우 강함 · 유아, 성인 모두에게 매우 치명적
히아신스 수선화 등의 알뿌리식물	알뿌리	· 구역질, 구토, 설사 · 치명적일 수 있음
아이리스	땅속뿌리	· 소화기관장애, 구역질, 구토, 설사
나리	잎과 꽃	· 구역질, 구토, 어지러움, 정신혼란
포인세티아	잎	· 입, 식도, 위장기관에 염증 · 치명적일 수 있음
장군풀	열매, 잎	· 열매 : 독성이 매우 강함, 설사, 불규칙한 맥박 · 잎 : 의식이 없어짐, 사망위험이 큼
스위트피	깍지부분과 씨	· 호흡곤란, 발작성 경련, 맥박이 느려짐
아까시나무	잎, 깍지, 씨	· 유아에게 특히 위험, 구역질
벚나무	잎, 잔가지	· 호흡곤란 유발 · 치명적일 수 있음
수선화	구근	· 먹었을 때 울렁거리고 구토를 유발
유카	잎	· 잎의 뾰족한 부분에 아이들이 상처를 입을 수 있음
란타나	모든부위, 특히 열매	· 위와 장쪽, 순환기계통의 통증을 유발
갈참나무	열매, 잎	· 많이 먹으면 신장에 문제 유발
팔꽃나무	모든부위	· 설사와 복통을 수반
철쭉	모든부분	· 구역질, 발작적 경련
등나무	열매와 껍질	· 설사
능소화	꽃가루	· 실명의 위험이 있음 · 피부에 염증 유발
장미	가시	· 가시가 나있어 상처를 유발
주목	열매, 잎 전체	· 잎은 특히 치명적, 구토, 설사, 호흡곤란

식재 프로그램

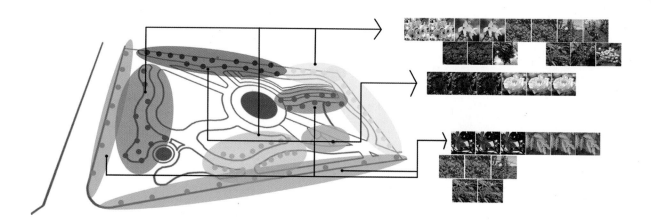

공간별 식재

_새들의 먹이와 서식처(A)

산딸나무

달콤한 맛의 산딸나무는 새들도 좋아할 뿐더러 어린아이들에게도 오감을 자극할 수 있는 소재가 된다.

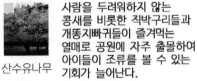

산수유나무

사람을 두려워하지 않는 콩새를 비롯한 직박구리들과 개똥지빠귀들이 즐겨먹는 열매로 공원에 자주 출몰하여 아이들이 조류를 볼 수 있는 기회가 늘어난다.

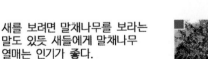

말채나무

새를 보려면 말채나무를 보라는 말도 있듯 새들에게 말채나무 열매는 인기가 좋다.

피라칸다

새들이 좋아하는 열매로 가을과 겨울 사이에 새들의 먹이 공급원으로 중요하다.

공간별 식재
_소나무 군락(B)

소나무

높게 솟은 소나무의 직선적인 형태와 사시사철 푸른 경관을 볼 수 있다.

맥문동

대부분이 음지로 되어 있는 소나무 밑에서도 잘 생육할 수 있는 음지성 지피식물로 군식을 함으로써 보라색의 아름다움과 사람들이 밟지 않도록 유도식재의 기능도 볼 수 있다.

꽃잔디

개화 전에는 보통 잔디와 비슷한 형태이지만 개화가 되면 보라빛의 작은 꽃들로 표면을 덮어줌으로써 아름다움을 느낄 수 있다.

원추리

새들이 좋아하는 열매로 가을과 겨울 사이에 새들의 먹이 공급원으로 중요하다.

공간별 식재
_놀이 공간(C)

철쭉

낮은 키로 꽃의 개화기에는 만발하여 풍성함과 달콤한 향기를 기대할 수 있다.

버즘나무

넓은 잎과 공해에 강한 나무로 녹음을 제공하는데 큰 역활을 한다. 상대적으로 큰 나무는 어린아이들이 매달려도 끄떡없는 큰 나무로 자라날 것이다.

홍단풍

낙엽이 지지 않는 동안은 항상 붉은 단풍이 든 것 같은 효과를 기대할 수 있다.

은단풍

다소 지겨울 수 있는 홍단풍의 사이에 식재를 해주어 리듬감과 대비의 효과를 기대할 수 있다.

공간별 식재

_야생화 꽃밭(D)

개나리

봄을 알리는 대표적인 꽃으로
노란 꽃이 시선을 끈다.

동자꽃

한국의 특산종으로 화려하진
않지만 주홍색의 빛깔로
단아하다.

벌개미취

한국의 특산종으로 은은한 가을
국화꽃 향기를 맡을 수 있다.

화엄제비꽃

다년생 초본으로 밝은 홍자색의
꽃이 눈에 띈다.

공간별 식재

_ 메타세쿼이아 길 (E)

메타세쿼이아

공원 경계부에 식재 되므로 멀리서 누구나 공원인지 인식
할 수 있고, 열식으로 인해 시선유도와 높은 수고로 인해
위요감도 형성할 것으로 보인다. 또한 일종의 공원의 대표적인
길로 자리 잡아 인지도 향상에도 기여할 것이다.

▌공간별 식재

_ 벚꽃 길 (F)

개화기가 되면 온통 흰색의 아름다운 경관을 만들어내는
요소로 풍경을 감상하기 위해 공원을 찾는 이용객들이
더욱 증가할 것으로 기대된다.
꽃이 지면 열매는 새들의 먹이가 되기도 한다.

왕벚나무

식재 입면도

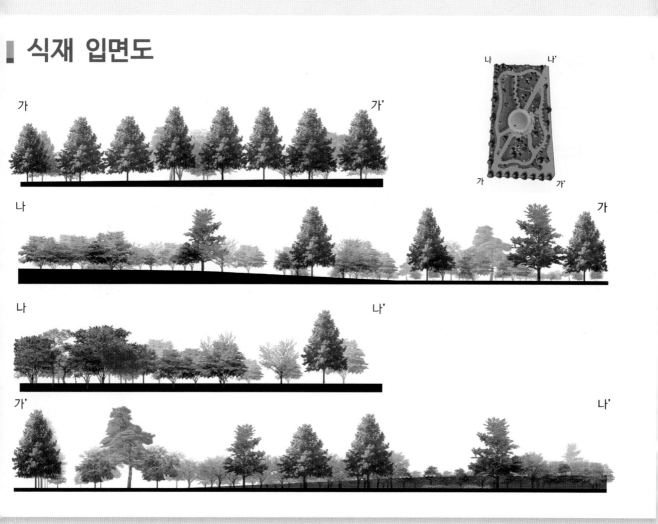

식재 수종의 선택 시 고려사항

구분	고려사항

어린이 놀이터 식재의 기능

구분	내용
놀이시설의 기능	
학습의 기능	
공간분할의 기능	
사회적 환경 개선의 기능	
자연환경 조절의 기능	

식재 프로그램

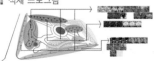

식재 범례

	수목 명	규격	단위	수량	비고
	단풍나무	H3.0 X R10	주	15	
	말채나무	H5.0 C R13	"	7	
	버즘나무	H4.0 X W3	"	7	
낙엽	산수유나무	H8.0 X W3.0 X R5	"	5	
	산딸나무	H2.0 X W1.5	"	10	
	왕벚나무	H2.0 X R5	"	14	
	왕벚나무	H5.0 X B8	"	28	
침엽	메타세콰이아	H7.0 X R13	"	19	
	소나무	H4.0 X W0.3 X R5	"	26	
	개나리	H1.2 X 5가지	"	40	
	피라칸타	H0.5 X W0.5	"	12	
	철쭉	H0.4 X W0.5	"	30	
	동자꽃	H0.3 X W0.3	본	60	
	벌개미취	H0.3 X W0.3	"	50	
	원추리	H0.3 X W0.4	"	60	
	화엄제비꽃	H0.4 X W0.3	"	50	

식재 입면도

공간별 식재

_새들의 먹이와 서식처(A)

산딸나무 산수유나무 말채나무 피라칸타

산딸나무 : 달콤한 맛의 산딸나무는 새들도 좋아할 뿐더러 어린아이들에게도 오감을 자극할 수 있는 소재가 된다.
산수유나무 : 사람들 두려워하지 않는 행태를 비롯한 채우구들를과 개똥지빠귀들의 출몰로 번성케 한다.
말채나무 : 새를 보려면 말채나무 보는게 낫다.
피라칸타 : 새들이 좋아하는 열매로 가을과 겨울 새들의 먹이 공급원으로 중요하다.

_소나무 군락(B)

소나무 맥문동 꽃잔디 원추리

소나무 : 늘 푸른 소나무의 자연적인 행태와 사시사철 푸른 경관을 볼 수 있다.
맥문동 : 대부분에 음지로 되는 소나무 밑에서도 잘 생육할 수 있는 음지성 지피식물로 군식을 했으로써 보라빛의 아름다움과 사철들이 상록 양도록 한다.
꽃잔디 : 개화 진때는 보통 핀데고 비슷한 형태지만 계획이 되면 보라빛의 작은 꽃들로.
원추리 : 맥문동과 마찬가지로 지피식물이지만 관상으로 사람들이 밟지 안도록 유도식재의 기능을 개재할 수도 있고, 식용으로도 쓰인다.

_놀이 공간(C)

철쭉 버즘나무 홍단풍 은단풍

철쭉 : 날은 가로 꽃이 개화기능는 만발하여 홍성율과 달콤한 향기를 기대할 수 있다.
버즘나무 : 넓은 잎과 길쭉한 강한 나무로 녹음을 제공하는데 큰 역할을 한다. 식재되어은 큰 나무는 어린이들의 때달라는 끼까딸는.
홍단풍 : 녹엽에 지지 않는 붉은 단풍은 항상 붉은 단풍이 온 것 같은 효과를 기대할 수 있다.
은단풍 : 다소 시지럴 수 없는 은단풍의 사이에 식재를 해주어 리듬감과 대비의 효과를 기대할 수 있다.

_야생화 꽃 밭(D)

개나리 동자꽃 벌개미취 화엄제비꽃

개나리 : 봄을 알리는 대표적인 꽃으로 노란 꽃의 시선을 끈다.
동자꽃 : 한국의 특산종으로 화려하진 않지만 수줍에의 발길의 단아하다.
벌개미취 : 한국의 특산종으로 은은한 가을 국화를 향기를 맡을 수 있다.
화엄제비꽃 : 다년생 초본으로 밝은 흥자색의 꽃이 눈에 띈다.

_메타세쿼이아 길(E)

메타세쿼이아

메타세콰이어 : 공원 경계부에 식재 폄으로 멀리서 누구든지 공원안도 익석 할 수 있고, 열식으로 인해 시선유도와 높은 수고로 인해 위요감도 형성 할 것으로 기대된다. 또한 일종의 공원의 대표적인 길로 자리 잡아 인지도 향상에도 기여할 것이다.

_벚꽃나무 길(F)

왕벚나무

왕벚나무 : 계획나무가 되면 온통 흰색의 아름다운 경관을 만들어내는 요소로 풍성을 감상하기 위해 공원을 찾는 이용객들의 미묘 좋아하할 것으로 기대된다. 붉어지면 열매는 새들의 먹이가 되기도 한다.

An eye-catching

시선이 머무는 곳
식재 계

과목 : 공원복지디자인 스튜
담당교수 : 김수
천안회 최선수

Be Free! 자유로운 공원 안전한 공원
박지은, 이정규, 장지연, 정해린

Be Free!
자유로운 공원, 안전한 공원

요즘 들어 '세상이 험하다'라는 말을 자주 듣게 된다. 말로만 끝나면 참으로 좋으련만
신문, 뉴스와 같은 대중매체에서는 이런 '험한'이야기가 점점 더 많이 들려 온다.

\<ISSUE\>

공간을 다루는 사람이 시대를 이해하지 못한다면 공간의 미래는 불투명하다.

ISSUE는 이번 학기에 배운 PPT(PEOPLE·PLACE·TIME)분석 중 TIME에 속하는 것으로 시대적 상황을 보여주고 있다. 이를 통해 대상지와 현대 사회의 상황을 이어주는 일련의 연결고리를 이해하는 데 많은 도움이 되었다.
다음 장부터는 우리가 프로젝트를 진행하며 지적한 이 시대의 이슈들을 나열하여 보았다.

PPT(PEOPLE·PLACE·**TIME**

ISSUE

7위 전국의 5대 범죄(살인, 강도, 강간·강제추행, 절도, 폭력) 발생 건수는 꾸준히 증가했다. 특히, 대구에서는 불명예스럽게도 중구와 더불어 서구는 5대 범죄 발생률 10위 내에 들어있다.

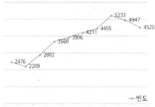

위험 지난 10년 간 전국 공원범죄는 증가하는 추세를 보이고 있다. 2001년에는 2476건인 반면 현재는 2배 가까이 증가한 수치를 보인다. 공원은 안전한 곳이 아니다.

69% 최근 4년간 아동대상 성범죄 증가율은 조사 대상 5개국 한국·미국·독일·영국·일본 중 한국이 가장 높다. 아동대상 성범죄는 4년간 69%나 증가했다.

11위 한국의 창의성지수는 OECD 15개국 중 11위로 낮게 나타났다. 창의성지수는 지식기반 경제에서 미래 국가 경제성장을 좌우하는 핵심이 창의계급이라는 관점에서 측정되는 지표다.

폐쇄 아이들의 놀이터가 사라지고 있다. 안전상의 이유로 폐쇄되는 놀이터들이 늘어나고 있다. 머지 않아 아이들의 공간이 부족해질 것이다.

PPT(PEOPLE PLACE TIME)

2
삼익
공원

대상지 선정 대상지 분석 문제점 도출 디자인 모티브 해결책 도출 마스터플랜

<SITE ANALYSIS>
공간의 입지를 분석하고 공간의 기억을 이해한다.

SITE ANAYSIS는 이번 학기에 배운 PPT(PEOPLE·PLACE·TIME)분석 중 PLACE와 PEOPLE에 속하는 것이다. 우리가 선택한 공간을 분석하고 이해하는데 필수적인 정보이며 객관적인 관찰자의 시선에서 한 가지 시각에 머무르는 것이 아니라 미시적, 거시적인 시각을 가지고 관찰하고 분석해야 하며 대상지를 이용하는 사람이 누구이며 어떻게 이용하는지를 파악하여 그에 맞는 공간을 조성할 필요가 있다.

PPT(**PEOPLE·PLACE·**TIME

▮SITE ANALYSIS

▮내부 분석

▮이용자 분석_2013.10.27 공원 내에서 실시한 설문조사

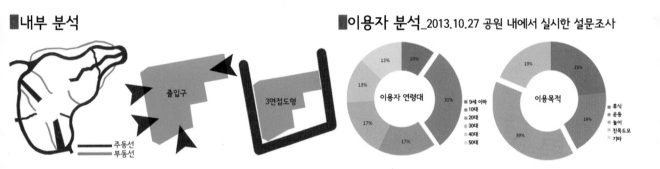

삼익공원은 출입구가 4개이고 3면이 도로에 접하는 것으로 보아 접근성이 좋으며 일반
주거지역 중심에 위치하고 있어 지리적으로 유리하다. 그리고 2013년 10월 27에
실시한 설문조사의 결과를 볼 때 이용자 연령대는 10대 이하의 유아 및 청소년이
주 이용자로 분석되었다. 이용목적은 놀이와 휴식이 대부분을 차지한다.

PPT(**PEOPLE PLACE** TIME)

SITE ANALYSIS

내당4동[Naedang-dong, 內唐洞]

1887년경에 안땅골이 유래되어 현재의 동명이 되었다고 전해지고 있으며 땅골은 현 낙동강수원지 앞 동남편 산 아래에 고목소나무가 3그루가 있었는데 이 나무를 당산목 이라 불렀고 그 나무가 있던 안쪽에 위치한 마을을 안땅골 마을이라 하였다고 한다.

삼익공원: 서구 내당동 308-1

4996.5㎡

세 가지의 이익이라는 뜻을 가진 삼익공 예전에는 빈 부지로 아무 용도없이 이용되어 지다가 현재는 인근 주민들을 위한 어린이공원을 조성하였다.

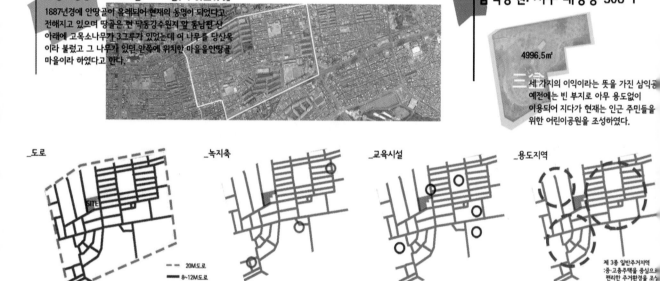

_도로

SITE

20M도로
8~12M도로

_녹지축

_교육시설

_용도지역

제 3종 일반주거지역
:중·고층주택을 중심으로
편리한 주거환경을 조성

삼익공원을 중심으로 100m 내에 있는 시설, 도로, 녹지축 등을 조사했다. 분석결과 주변에 공원, 초등학교 등의 녹지축이 세 곳 존재하고 있고 교육시설은 초·중·고등학교를 모두 포함하여 다섯 곳이 있다. 이를 통해 접근성이 좋고 녹지축이 도시공원 및 녹지 등에 관한 법률에 잘 부합하고 있다는 것을 알 수 있었다.

PPT(PEOPLE PLACE TIME)

SITE ANALYSIS

우리는 수회의 현황분석과 이용자에 대한 설문조사를 통해서 해결방안을 도출했다.

2
삼익
공원

대상지 선정 〉 대상지 분석 〉 문제점 도출 〉 **디자인 모티브** 〉 **해결책 도출**〉 **마스터플랜**

삼익공원

내부분석
외부분석

동선, 놀이공간 부족
CCTV부재, 거수자
통제불가 등

SNAKE PUZZLE

황톳길, 조명색깔,
수목의 높이 낮추기
등

\<SOLUTION\>

분석한 자료와 디자인 모티브를 구상하고 해결책을 도출한다

SOLUTION과정은 우리가 지금까지 대상지의 기억과 대상지에서
찾아낸 문제점에 맞추어 디자인 컨셉을 구상하고 그에 부합할
해결책을 도출하여 마스터 플랜을 구상하는 과정이다. 계획의
마지막 단계로서 설계자의 주관적인 생각과 객관적인 생각이
적절한 타협을 이루어야 하는 단계이다.

■ DESIGN CONCEPT

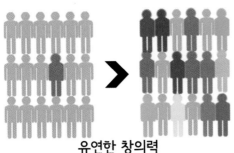

유연한 창의력

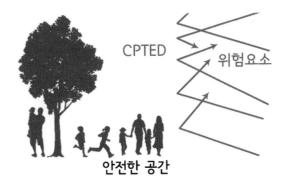
안전한 공간

'BE FREE!' 라는 제목은 이 두가지 컨셉에 모두 부합하는 말이다. 여기서 FREE는 중의적인 뜻을 내포하고 있는데, 유연한 창의력을 표현할 때 쓰는 FREE는 자유라는 뜻으로 사용되었고 'CPTED를 이용한 안전한 공원 만들기'에서는 'SMOKE FREE'와 같이 범죄의 가능성을 없앤 공원을 시도했다.

DESIGN MOTIVE

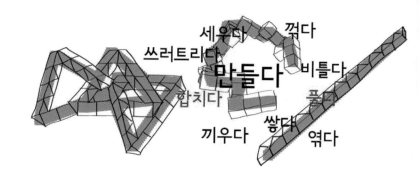

우리가 디자인 모티브로 잡은 것은 어릴 적 일명 '척척이'라고 불렀던 SNAKE PUZZLE 이라는 장난감이다. 이 장난감은 합치고, 끼우고, 쌓고, 비트는 등의 자유로운 형태로의 변형이 가능하다. 우리는 이 장난감을 가지고 노는 어린이 들의 모습에서 '창의성' 이라는 키워드를 떠올렸고 창의력이 중요시되는 이 시대의 어린이들에게 창의성을 키워줄 수 있는 계획을 시도하기로 마음 먹었다.

▮PLAN

▮PLAN 1. 놀이를 만들다.

_기존 놀이시설

시소, 동력 놀이기구   조합 놀이대   그네

_SOLUTION_창의력 함양을 위한 다양한 놀이 요소

나무 토막   놀이 만들기   낙서하기   다양한 색채

▮PLAN 2. 공간을 합치다._숨겨진 자투리 공간 찾기 : 대지분석을 통해 찾은 빈 공간을 활용하여 공원을 재조성 한다.

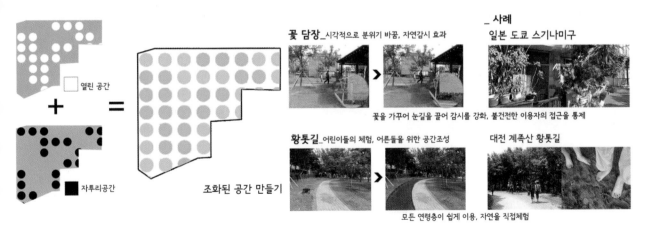

□ 열린 공간

+ =

■ 자투리공간

조화된 공간 만들기

꽃 담장_시각적으로 분위기 바꿈, 자연감시 효과

꽃을 가꾸어 눈길을 끌어 감시를 강화, 불건전한 이용자의 접근을 통제

_ 사례
일본 도쿄 스기나미구

황톳길_어린이들의 체험, 어른들을 위한 공간조성

모든 연령층이 쉽게 이용, 자연을 직접체험

대전 계족산 황톳길

▮PLAN

▮PLAN 3. 공간을 풀다._수고를 조절하여 시야를 개선하고, 가로등의 색채와 위치를 변화시켜 공간의 안전성을 높인다.

시야개선

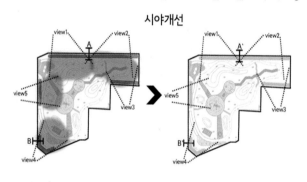

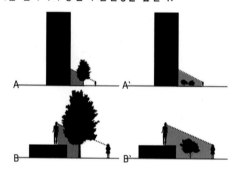

수고를 조절하여 3면에서 모두 안전하게 노출될 수 있도록 시야확보

가로등 변화주기

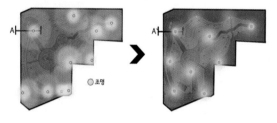

○ 조명

사람의 심리를 안정시키는 푸른색 조명으로 범죄심리를 예방하고
공원등의 간격을 줄여 야간의 조명사각지대 개선

\<PLANT PALETTE\>

조경가는 식물을 재료로 공간의 분위기를 조성한다.

식재 팔레트는 식재범위를 나타내는 용어이다. 화가가 그림을
고를 때 물감을 고르는 것 처럼 조경가는 대상지의 성격과 지리에
따라서 식물을 신중하게 선택해야 한다. 그리고 식물이 봄·여름·
가을·겨울 계절별 변화하는 모습을 이해하고 이것을 발전시켜
효율성 있고 가치있는 경관을 만들어야 한다.

기능적

1. 기초식재 기능

건축물의 기초부분 가까운 지면에 식재함. 소교목의 창문 사이의 벽면에 식재하여 창문을
가리지 않고, 기존의 개잎갈 나무를 은행나무로 바꾸어서 계절감과 더불어 자연감시 효과를 강화함.

2. 가각부 식재 제한

공원의 가쪽을 돌아가는 차량 운전자의 시야를 가리지 않도록 가려지는 부분의 수목을 제거함.

3. 시설물의 위요기법

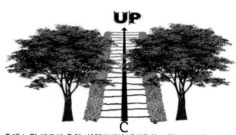

휴게소 및 파고라 주위, 산책로변의 벤치주위, 보행로의 입구, 교차점
및 계단주위를 위요하여 프라이버시를 확보, 입구감 및 시각적 인지 효과제고

식재의 기능적 측면을 공부하고 기초식재, 가각부 식재 제한,
시설물의 위요기법 등 기능적 측면을 식재계획에 반영했다.

미적

1. 홍단풍 길

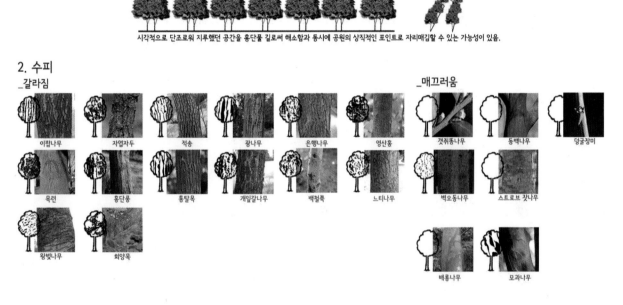

시각적으로 단조로워 지루했던 공간을 홍단풀 길로써 해소함과 동시에 공원의 상징적인 포인트로 자리매김할 수 있는 가능성이 있음.

2. 수피

_갈라짐   _매끄러움

이팝나무 자엽자두 적송 광나무 은행나무 영산홍 갯취동나무 동백나무 덩굴장미

목련 홍단풍 통탈목 개잎갈나무 백철쭉 느티나무 벽오동나무 스트로브 잣나무

왕벚나무 회양목

배롱나무 모과나무

식재를 이용하여 미적기능을 향상시키고 더불어 수목마다 가지고
있는 수피의 고유한 질감에서 미적인 요소를 발견했다.

미적

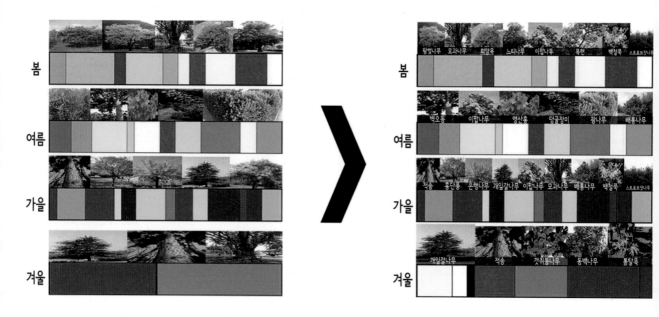

각 수목이 계절마다 가지는 색채를 발견하고 그 색채를 사용하는 방법을 탐구했다. 단조로운 겨울철에 구골나무, 동백나무, 갯쥐똥나무를 식재하여 색채의 다양함을 주었다.

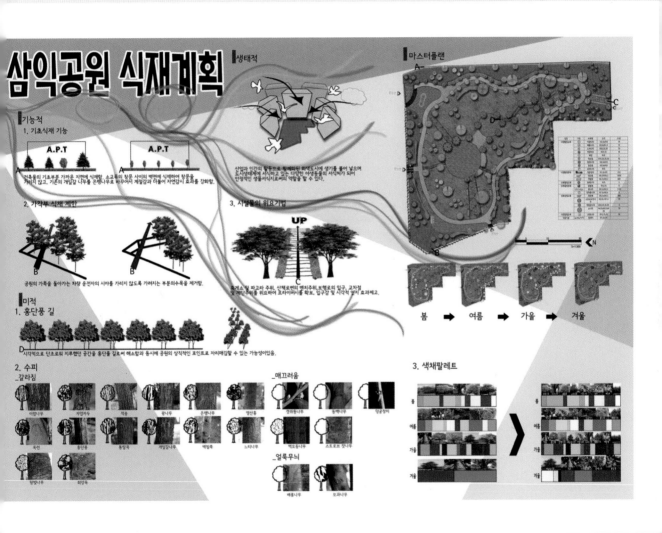

2
삼익
공원

Green Safeguard
박하경, 정은아, 조희준, 한샛별

공원녹지디자인 스튜디오 1
지도교수_ 김수봉 교수님

Green
Safeguard

박하경, 정은아, 조희준, 한샛별

3
범물
어린이
공원

CPTED란?

CPTED, Crime Prevention Through Environmental Design

범죄예방을 위한 환경설계는 건축환경설계를 통해 범죄를 예방하고자 하는 연구 분야이다.

CPTED프로젝트의 목적

한국형사정책연구원의 공원안전강화를 위한 셉테드 적용보고서에 따르면,

지난 10년(2001~2010)동안 공원에서 발생한 범죄는 3,9475건 연평균 3,940건으로 발표했다.

우리는 이러한 범죄를 줄이기 위해 도시공원 녹지의 유형별 세부기준 등에 관한 지침의

셉테드 일반원칙을 고려하여 어린이공원을 재정비하고자 한다.

CPTED의 5가지 항목

 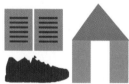  

[자연적 감시]　　　　[접근통제]　　　　[활용성 증대]　　　　[영역성 강화]　　　　[유지관리]

CPTED 설문조사

조사일시 : 2013년 11월 2일 오후 1시 부터 오후 3시까지 실시

조사장소 : 범물 어린이공원 내, 조사대상 : 공원 이용자 30명, 조사방법 : 설문지 조사 및 구두

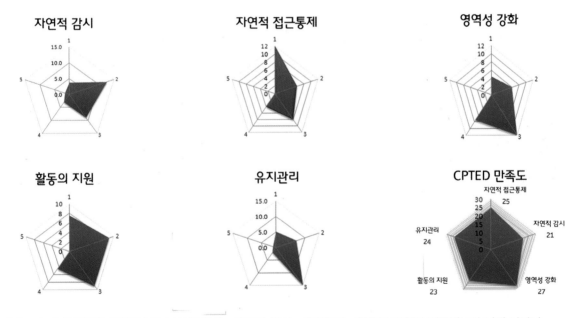

▶ 셉테드의 각 항목들을 종합적으로 분석한 결과 , 자연적 감시 , 유지관리 , 활동의 지원이 평균점보다 낮게 나타남.
따라서 자연적 감시, 유지관리, 활동의 지원에 관한 개선이 필요함.

대상지

Site : 범물 어린이공원

주소 : 대구광역시 수성구 범물2동 1376번지

면적 : 1588.9㎡

조성년도 : 1993년

물리환경적 분석

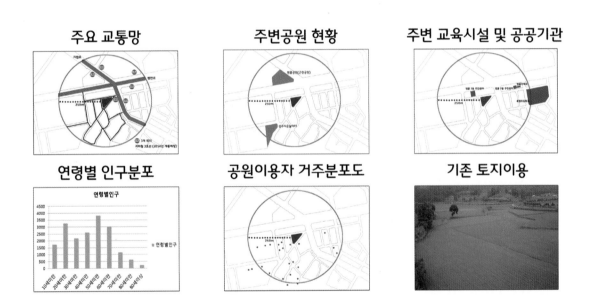

▷도로와 인접해 있어 접근성이 양호하였고 주변에 초등학교가 있어 어린이들이 자주 이용하였으며
  과거에는 논과 밭으로 이용되었음.

이용자 분석

공원 이용자 현황 설문조사

조사일시 : 2013년 10월 27일 오후 3시부터 오후 6까지 실시

조사장소 : 범물 어린이공원 내, 조사대상 : 공원 이용자 30명, 조사방법 : 설문지 조사 및 구두

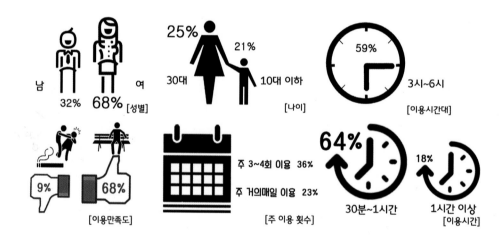

남   여
32% 68% [성별]

25% 21%
30대 10대 이하
[나이]

59%
3시~6시
[이용시간대]

9% 68%
[이용만족도]

주 3~4회 이용 36%
주 거의매일 이용 23%
[주 이용 횟수]

64%
30분~1시간

18%
1시간 이상
[이용시간]

▶공원이용자 대부분 여성으로, 어린이들의 보호자로서 아이들과 함께 휴식목적으로 어린이공원을 방문. 따라서 여성과 어린이가 많이 이용하는 공원으로 셉테드 적용이 더욱더 필요함.

7E   7E: 조경디자인의 7가지 디자인 요소. 즉, 자연과의 관계를 축소하는 매개
예컨대 지형, 식물재료, 바닥포장재료, 물, 시설물, 돌 그리고 건축요소를 일컬음.

1. 지형

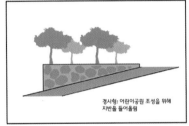

경사형: 어린이공원 조성을 위해
지반을 돋아올림

▷놀이터 자체가 터가 돋우어져 있다.
놀이시설이 있는 곳에 턱이 있어 아이들에게
위험요소가 될 수 있었고
바닥포장은 유지관리가 양호한 편이었다.

▶경사형

2. 바닥포장

▶고무바닥

▶보도블럭

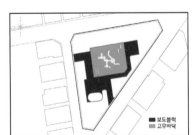

■ 보도블럭
■ 고무바닥

7E   7E: 조경디자인의 7가지 디자인 요소. 즉, 자연과의 관계를 축소하는 매개
예컨대 지형, 식물재료, 바닥포장재료, 물, 시설물, 돌 그리고 건축요소를 일컬음.

3. 시설물

▶놀이시설   ▶운동시설   ▶화장실

▶벤치   ▶파고라   ▶CCTV

▶안내판   ▶공원등

▷화장실을 제외한 다른 시설물들은 유지관리가
잘 이루어지고 있었음.
그러나 안내판과 CCTV 옆에 공원등이 없었고
조도가 낮아 활동의 지원이 잘 이루어지지 않음.

7E 7E: 조경디자인의 7가지 디자인 요소. 즉, 자연과의 관계를 축소하는 매개

예컨대 지형, 식물재료, 바닥포장재료, 물, 시설물, 돌 그리고 건축요소를 일컬음.

4. 수목

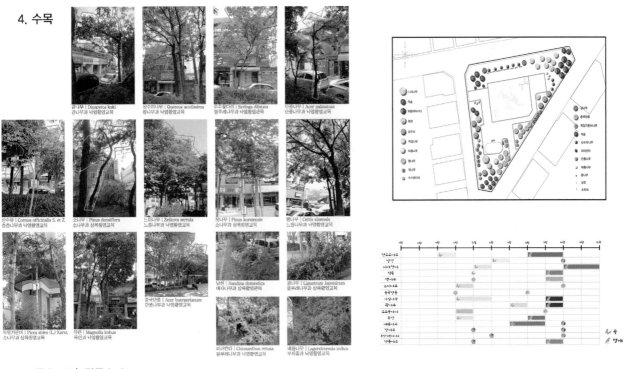

▷ 교목수:13 〉 관목수:24
 공원내에서 관목수보다 교목수가 월등히 많아 공원의 자연적 감시가 잘 이루어지지 않고 있었다.

식재계획도

주요식재계획

▷식재계획을 하기전 어떤식으로 식재를 할 것인지, 공원에 어떠한 식재계획이 필요한지 큰 틀을 잡았다.
먼저 공원을 알려줄 포인트식재, 그리고 공원의 특징을 살리기 위한 유실수 식재, 셉테드이론 중 영역성강화의 문제해결을
위한 경계식재, 입구를 강조하기 위한 식재계획을 세웠다.

식재계획도

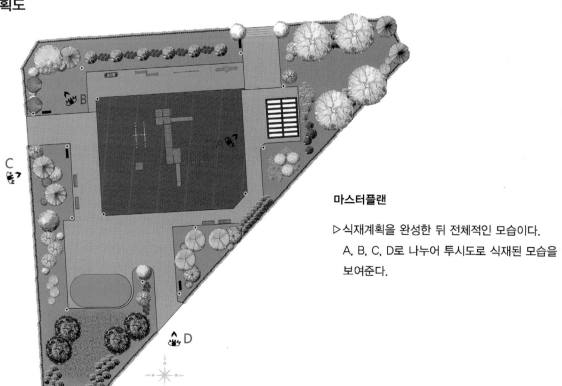

마스터플랜

▷식재계획을 완성한 뒤 전체적인 모습이다.
 A, B, C, D로 나누어 투시도로 식재된 모습을
 보여준다.

식재계획도

투시도

A

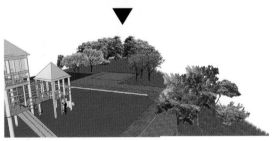

식재된 수목

 배롱나무

미적 새성의 붉은 색감과 붉게 물든 단풍 그리고 매끄러운 수피
기능적 독립수, 정원수, 가로수로 이용
생태적 내한성,내공해성, 맹아력은 약호 ,내염성 보통

 수수꽃다리

미적 아름답고 향기있는 꽃
기능적 정원수 조경수 생울타리, 경계식재로 이용
생태적 토양적응력과 병출해 내한성이 강함

 살구나무

미적 전원풍경에 알맞고, 잎보다 먼저 피는 꽃의 아름다움
기능적 독립수, 정원수, 경계식재로 이용
생태적 내한성과 내조성이 강함

 박태기나무

미적 자홍색의 아름다운 꽃 으로 다양한 감상미
기능적 정원, 공원에서 생울타리나 경계식재료로 이용
생태적 내한성이 강하고 척박지에서 잘자람

 느티나무

미적 수피와 수형의 아름다움
기능적 공원수 경관수 녹음수 가로수로 이용
생태적 적응력이 높고 이산화탄소 흡수율이 뛰어남

 잣나무

미적 자홍색의 아름다운 꽃 으로 다양한 감상미
기능적 정원, 공원에서 생울타리나 경계식재로 이용
생태적 토심이 깊고 비옥, 적윤한 곳에서 잘 자람

 쪽동백

미적 수형과 특색있는 줄기 그리고 이삭같이 늘어지는 열매
기능적 악센트 식재, 조경수 공원수로 이용
생태적 내한성 내음성 내염성이 우수

 치자나무

미적 광택이있고 추를잡힌 잎과 향기높은 하얀색 꽃
기능적 생울타리,차폐식재, 경계식재로 정원.공원수로 이용
생태적 내조성과 내공해성이 강함

식재계획도

투시도

▼

식재된 수목

단풍나무
미적 수형의 단정함과 회갈색 수피의 아름다움
기능적 공원수 정원수 독립수 경관수로 요점식재, 경관식재
생태적 맹아력이 강하고 공해 및 병충해에도 강함

피라칸사
미적 6월에 피어서 겨울까지 피는 꽃
기능적 생울타리나 기초식재 또는 경계식재로 무이
생태적 내공해성은 중간이고 중용수임

흰말채
미적 수피의 패턴 명확함과 열매의 아름다움
기능적 군식할 경우 높음을 제공, 공원수나 관상수로 생울타리등으로 이용
생태적 자생종으로 내한성이 강하고 내열성이 약함

화살나무
미적 단풍드는 관목의 대표수종으로 매혹적인 단풍, 화살모양의 아름다운 설화
기능적 공원수, 정원수, 하목식재용, 경계식재용, 차폐식재용으로 이용
생태적 내공해성과 내염성이 강함

산수유
미적 봄에 피는 노란 꽃과 가을에 피는 붉은 색의 열매
기능적 유실수로 호기심을 유발를 통한 수목체험교라
생태적 오염물질을 흡수하고 관상수, 독립수, 첨경수, 약용으로

이팝나무
미적 가을의 노란 단풍, 보랏빛 열매와 은은한 향기
기능적 정원수, 공원수, 가로수 식재
생태적 염분 염해에 강함

식재계획도

투시도

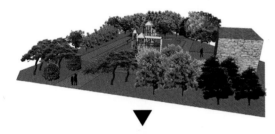

식재된 수목

🌳 살구나무
미적 전원풍경에 알맞은 향토수종 입보다 먼저 피는 꽃의 아름다움
기능적 독립수, 정원수, 경계식재등으로 이용하여 시선유도 가능
생태적 내한성과 내조성이 강함

🌳 앵두나무
미적 봄 새싹이 나기 전 또는 함께 피는 꽃과 향기
기능적 정원수나 공원수로 주로이용
생태적 내공해성이 강함

🌳 황금실화백
미적 아래로 드리워진 가지와 봄 가을의 황금색 잎
기능적 정원수, 독립수의 악센트 식재
생태적 내한성과 맹아력이 강함

🌳 자목련
미적 봄에 화려하지 않은 자색의 꽃과 가지 배열의 아름다움
기능적 봄에 일찍 꽃을 피워 대표적인 화목류로 독립수, 정원수로 사용
생태적 내공해성과 내한성이 강함

🌳 사철나무
미적 밝은 녹색의 잎과 노란과육, 붉은 종자가 아름다움
기능적 공원수나 정원수로 생울타리나 경계식재로 이용
생태적 토질을 가리지 않고 어느곳에도 잘 적응하고 조해에도 강함

🌳 회양목
미적 상록으로 수형이 아름다움과 잎의 광택
기능적 정원수나 공원수의 생울타리나 경계식재등으로 이용 수형을 자유롭게 조형가능
생태적 맹아력, 이식력이 좋으며 내한성, 내공해성이 강함

식재계획도

투시도

▼

식재된 수목

자귀나무
미적 분홍색의 꽃으로 여름철에꽃이 피며 희소성이 있음
기능적 독립수, 정원수, 공원수, 첨경수, 사방등수로 이용
생태적 병충해 가 적으므로 관리에도 좋이

영산홍
미적 봄에 흔하지 않은 자색의 꽃과 가지배열의 아름다움
기능적 대분적인 화목류로 독립수나 정원수로 사용
생태적 내공해성 강함

기린초
미적 6~7월에 쉬산꽃차례로 달리는 꽃
기능적 정원이나 공원에 관상용, 지피식물로 이용
생태적 건조한 땅, 그늘에서 생장좋이

매화나무
미적 식물전체의 아름다움과 이른 봄의 은은한 향기
기능적 정원수, 정원수
생태적 적응력이 빠르고 이식에도 좋이

좀작살나무
미적 여름의 조그마한 꽃과 강한 향기
기능적 정원수, 공원수, 산울타리로 사용
생태적 내한성라 내 공해성이 양호, 열매는 새들의 먹이로

중국단풍
미적 가을의 홍색 또는 황색으로 물드는 단풍
기능적 정원수, 공원수, 산울타리로 이용
생태적 내한성라 내 공해성이 양호

식재계획도

사계절 투시도

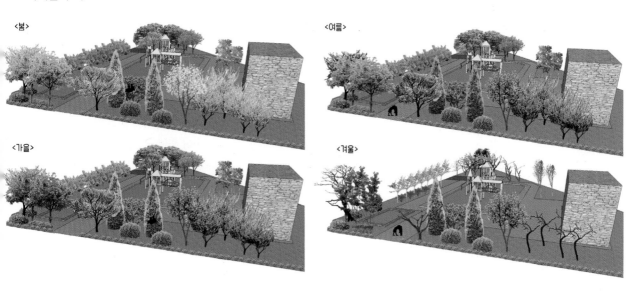

<봄> <여름> <가을> <겨울>

▷C구간을 사계절별 모습으로 나타내었다.

식재계획도

개화시기 & 열매맺는 시기

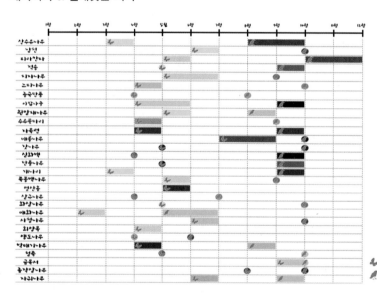

▷식재된 수목의 개화시기와 열매맺는 시기를
나타내고 그 시기의 꽃과 열매의 색상을
제시하여 월별 공원에 나타날 수있는 색을
보여줄 수 있다.

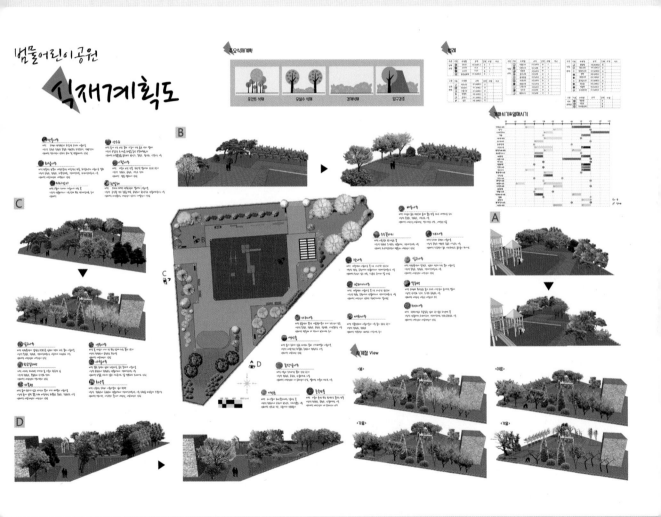

Green Zone
고혜경, 김지나, 이윤구

Share Box, 너와 내가 감성을 나누는 공간

강다운, 김민지, 김상동, 박민주

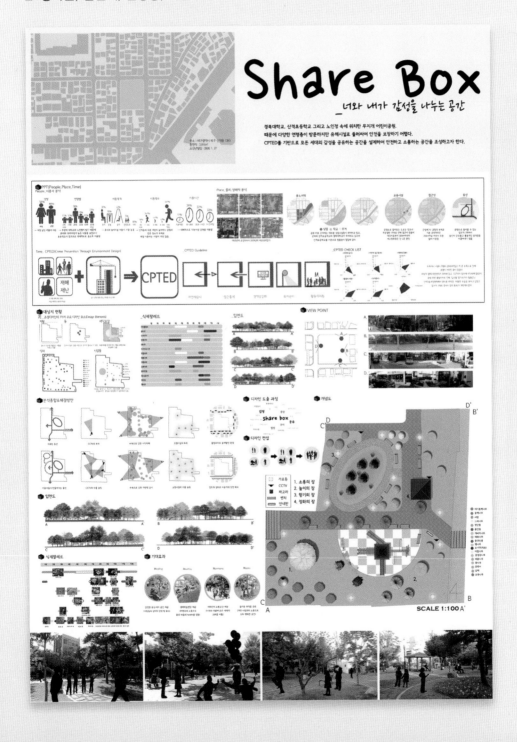

Play Safety

서다예, 양윤경, 윤송이

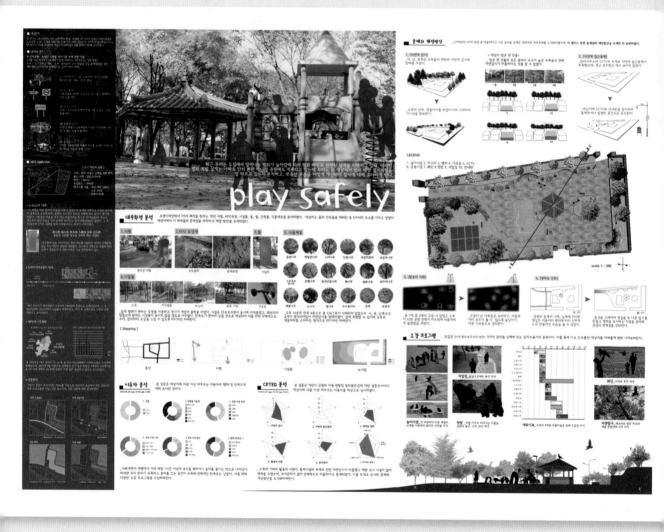

도담도담: 어린아이가 별탈없이 잘자라는 모습

김미진, 김민성, 김지은, 하지현

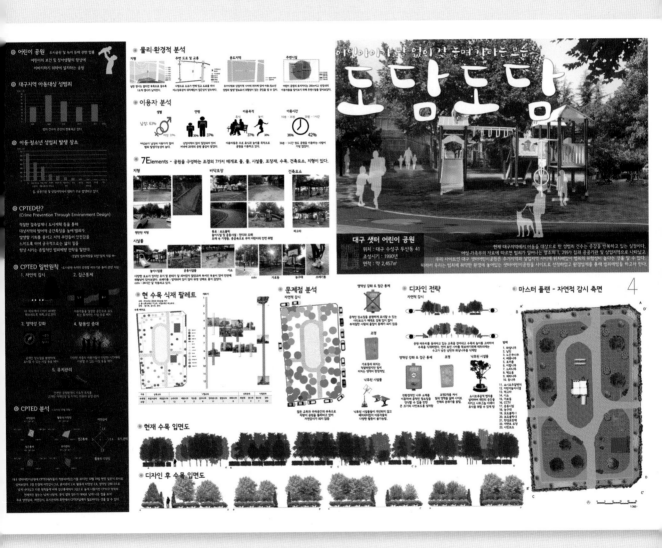

참고 문헌

강석진·이경훈(2007), 도시주거지역에서의 근린관계 활성화를 통한 방범환경조성에 대한 연구: 수도권 P시 단독주택지를 중심으로. 대한건축학회논문집 23(7): 97-106.

강석진, 범죄예방 환경설계 현황과 전망, 환경과 조경 2013년 7월호.

강성복(2010), 영국 범죄예방설계 정책의 국내 도입방향에 관한 연구. 동국대학교 행정대학원 석사학위논문.

강현경 외(2013), 조경수목학, 향문사.

경기개발연구원(2012), 어린이공원을 공동체공원으로 전환.

경찰청(2005), 환경설계를 통한 범죄예방(CPTED) 방안.

김길섭(2008), 안전한 도시를 위한 CPTED 적용방안에 관한 연구. 한국유럽행정학회보 5(1): 33-58.

김수봉·엄정희·허진혁(2013), 도시공원의 물리적 환경개선을 위한 CPTED 이론 적용에 관한 연구, 한국조경학회 추계학술대회 논문집 44쪽.

김순석·김대권(2011), 공동주택단지의 CPTED 도입현황과 문제점. 한국범죄심리연구 7(1): 55-78.

김홍식(2001), 근린공원에서의 방어 공간 형성에 관한 연구. 연세대학교 대학원 석사학위논문.

김혜주(2012), 경관 및 기능성 식재의 실제, 도서출판 조경.

박기량·신의기·강용길·강석진·박현호(2011), 범죄예방을 위한 환경설계의 제도화 방안 (Ⅳ): 공원 및 문화재 관련시설 범죄예방을 중심으로-공원안전 강화를 위한 CPTED 적용. 한국형사정책연구원 보고서.

박원규(2010), 어린이공원의 실태분석 및 개선방안에 관한 연구: 칠곡군 어린이공원 중심으로. 영남대학교 환경보건대학원 석사학위논문.

박정아(2010), 단독주택지 외부 공공공간의 범죄불안감 예방을 위한 환경계획 방안 연구. 연세대학교 대학원 석사학위논문.

송은주·송정화·오건수(2009), 근린공원의 활성화를 위한 범죄예방 환경설계기법에 관한
연구. 대한건축학회 학술발표대회 논문집 29(1): 237-240.

이명우(2011), 조경법규, 기문당, 123-124쪽.

이은혜·강석진·이경훈(2008), 지구단위계획에서 환경설계를 통한 범죄예방기법 적용에
대한 연구: 지구단위계획 요소별 CPTED기법 유형화를 중심으로. 대한건축학회논문
집 24(2): 129-138.

진양교(2013), 건축의 바깥, 도서출판 조경.

정일훈·양진석(2010), 환경설계(CPTED)를 활용한 도시범죄예방에 관한 연구. 한국생활
환경학회지 17(4): 434-446.

최기호(1997), 공원시설(조경설계 자료집성3), 조경사

허지은(2010), CPTED 설계를 통한 환경디자인 개선에 관한 연구. 국민대학교 디자인대
학원 석사학위논문.

Ben Whitaker and Kenneth Browne(1971), Parks for People, Winchester Press, pp.66-
71.

Booth, N.(1983), Basic Elements of Landscape Architectural Design, Elsevier Science
Publishing. N.Y.

Jacobs, J. (1961), The death and life of great american cities. New York: Fandom
House.

Jeffery, C.R. (1971), Crime prevention through environmental design. Beverly Hills,
CA: Sage Publications.

Michael Laurie(1975), An introduction to landscape architecture, American Elsevier
Pub. Co.

http://citybuild.seoul.go.kr/ 서울시 재정비촉진사업 범죄예방 환경설계 지침. 2012년
11월 20일 검색.

http://www.police.go.kr/ 범죄예방을 위한 설계 지침. 2012년 10월 25일 검색.

http://www.law.go.kr/admRulInfoP.do?admRulSeq=2000000026210 국가법령정보센터
2014년 3월 24일 검색.

■ 지은이 | 김수봉(金秀峰)

경북대학교 조경학과 학·석사

영국 셰필드대학교 조경학 박사

싱가포르 국립대 건축학과 초빙교수

경제인문사회연구소 기획평가위원회 위원

한국조경학회 영남지회장

한국조경학회 부회장 역임

현재 계명대학교 동영학술림 임장

대구광역시 도시계획위원회 위원

대구한의학대학교 이사

계명대학교 공과대학 도시학부 생태조경학전공 교수

「이 나무는 왜 여기에 있어요?」와 「우리의 공원」 외 20여 권의 역·저서가 있다.

셉테드(CPTED) 개념을 적용한 안전한
어린이공원

초판발행   2014년 6월 30일
중판발행   2022년 9월 10일

지은이   김수봉
펴낸이   안종만·안상준

편 집   전채린
기획/마케팅   박세기·장규식
표지디자인   이소연
제 작   고철민·조영환

펴낸곳   (주) **박영사**
             서울특별시 금천구 가산디지털2로 53, 210호(가산동, 한라시그마밸리)
             등록 1959.3.11. 제300-1959-1호(倫)

전 화   02)733-6771
f a x   02)736-4818
e-mail   pys@pybook.co.kr
homepage   www.pybook.co.kr
ISBN   979-11-303-0105-1   93530

정 가   19,000 원